U0320019

中华青少年科学文化博览丛书·科学技术卷 >>>

图说高新科技的开发与应用>>>

中华青少年科学文化博览丛书·科学技术卷

图说 >>>

高新科技的开发与应用

吉林出版集团有限责任公司 | 全国百佳出版单位

前 言

用科技改变生活,科学的发展本身是人类智慧的体现,而高新科技是人类智慧的结晶。从 18 世纪 60 年代到现在,人类经历了三次巨大的技术革命洗礼,这些科技为世界各个行业如军事、医疗、教育、能源、通讯、航天、计算机、日常生活等诸多方面都产生了深远的影响。有人曾经这样贴切地形容过科学:"从茹毛饮血的洪荒时代进入到高速发展的信息数字时代,科技充分显示了它强大无比的穿透力和覆盖面。科技的力量不可否认。它像一把奇异的剑,化腐朽为神奇,像一朵刚盛开的花朵,为人们的生活增光添彩。"可以说,高新科技的不断涌现极大改变了人类对于世界的看法与生活态度。

科学技术作为社会发展的原动力,其地位已不可撼动。在当下经济全球化的时代,一个国家具有很强的科技创新能力,这无疑是该国家社会进步的标志。重大原始性的科技创新及其引发的技术革命和形成的产业源头,在世界经济发展中起到了主导作用。随着知识经济时代的到来,国际竞争会日趋激烈,依靠科技创新来提高国家在竞争中的综合实力,是世界主要发达国家的共同选择。

本书将向读者传达当下高新科技的奇思妙想,涉及内容均是很受欢迎的科技热点,而且引用的世界高新科技领域广泛,并力图贴近人们实际生活。在撰写新科技的同时,也提出了一些对高新科技应用前景的观点。

目 录

第1章 前沿科技

第2章 交通运输与电子通讯

目 录

第3章
家居生活 与医疗保健

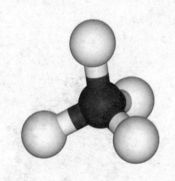

目 录

第**1**章

前沿科技

◎ 相变随机闪存技术
◎ 可印制太阳能电池技术
◎ 等离子电弧汽化技术
◎ 细菌造油
◎ 可弯曲的水泥
◎ 生物计算机
◎ 人工晶体
◎ 声音识别技术
◎ 生命的储存
◎ 绿化电脑产业

第1章

前沿科技

一、相变随机闪存技术

众所周知,手机、手提电脑等移动设备对存储器要求的稳定性与便捷性是非常高的。而现在,人们对于这些移动设备存储器的主要性能要求却是成本低、功耗低。

但由于目前开发的存储器都有其自身存在的设计缺陷,要满足上述要求仍很难。例如,动态随机存储器成本低而且能够随机访问,但存在易失性,即断电后会发生数据丢失;充当缓存的静态随机存储器读写速度快且能够随机访问,但成本较高。

相变随机闪存设备

NOR 闪存芯片

nand 闪存插槽

外置存储设备

在当下的电子产品中，最广泛使用的非易失性闪存有两种：NOR和NAND。NOR闪存能够独立地直接运行软件，但速度慢，且成本贵；NAND闪存很容易进行大规模生产，更适合存储大容量文件。闪存技术则更多采用了垂直二极管与三维晶体管结构，在储存新数据前不需要擦除旧数据，也就是说，在电子设备突然遭到断电时仍可以保存当前的数据。

这一最新科技的出现，与CD和CD驱动器中所采用的技术相类似。

在相变随机闪存技术中，电路板上的硫化薄膜被电流加热成晶态或者非晶态，在这两种状态下的电阻率

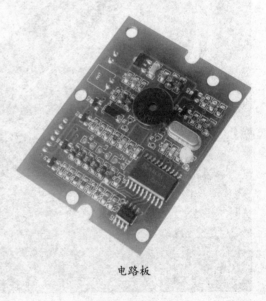

电路板

的差别不一样，从而可判读为 0 或 1。然后，在上面只需要施加少许的复位电流就可以触发这两个状态的相互切换。

现在就相变随机闪存技术领域，三星公司的研发处于世界领先水平。在 2006 年的时候，三星就已经展示了它研发的初级产品，这些新产品比现有普通闪存快 30 倍以上。此外，三星公司也表示最新的相变随机闪存的最新产品将极大地推动存储设备的发展，它极有可能将成为 NOR 闪存的最终替代品。

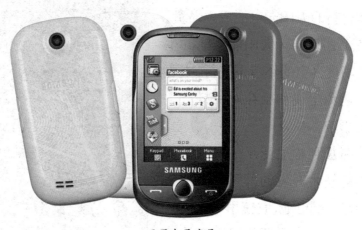

三星电子产品

📧 知识卡片

存储设备

存储装置是用于储存信息的设备或装置。通常是将信息数码化后再利用电、磁或光学等方式的媒体加以储存。

存储设备

二、可印制太阳能电池 技术

第 1 章
前沿科技

相信太阳能的利用对于大家并不陌生。但是太阳能所使用的电池在大规模使用时遇到很大的困难，原因是硅材料的太阳能电池成本昂贵，且制造工艺复杂。太阳能电池的生产需在高度真空的环境下进行，主要是为了避免尘埃和微粒对材料产生不良的影响。

美国加利福尼亚州一家专门从事太阳能技术开发的公司研制出一种铜铟镓二硒电池，它使用了低成本基板，加工时不需要依赖真空的沉

太阳能电池板

太阳能电池

未来的太阳能概念汽车

积。与此同时,该电池的生产还采用了具有纳米结构的墨水,可以在基板上直接印制半导体太阳能发电板。由此项技术产出的太阳能电池具有成本低廉、制造容易、重量轻和易弯曲等特点。

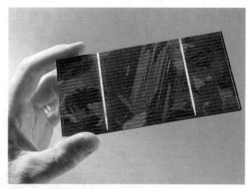

太阳能电池

这项运用纳米技术开发的太阳能公司已筹集到 500 万美元的风险投资,用于建设世界上最大的太阳能电池板厂。这个厂建成之后,一年之内生产的太阳能电池可高达 430 兆瓦。

纳米太阳能电池板制作的新技术大大提高了太阳能电池的生产速度,而且印制的电路线宽仅有头发直径的十万分之一。因此,通过这一技术制造的太阳能电池片可以收集更多的太阳能。密集的电路线宽使太阳能电池片的发电能力比传统的硅材料太阳能电池片更强大。除此之外，纳米制作的太阳能电池片可以卷曲，较传统的硅材料电池片来说，更轻也更具弹性，携带起来也相当方便。

对此有关专家曾预言，未来最有希望的太阳能电池板是导电塑料和纳米材料的混合产品，这两种材料的混合溶液能以类似于喷墨打印的方式生产出太阳能电池。

 知识卡片

能源危机

1973年西方国家曾爆发过能源危机，因为石油输出的主要力量是阿拉伯国家，它们因不满西方国家支持以色列而采取石油禁运；1979年，因伊朗革命爆发，西方及中东曾爆发过能源危机；1990年，波斯湾战争导致世界范围内石油价格暴涨曾爆发能源危机。

石油的开采

三、等离子电弧汽化技术

垃圾可以变成金矿,这个听起来很诱人,据说通过等离子电弧汽化技术就能实现垃圾变废为宝,前提是将垃圾加热到6000摄氏度,将电流和气体(如氩、氮)通入用水冷却的特种喷嘴内,造成强烈的压缩电弧而形成温度极高的等离子流,这就是等离子电弧汽化技术的基本原理。而利用高温等离子流,可以切割用普通氧气切割法所难以切割开的金属材料,如不锈钢、镍基合金、铝、铜等。

最近几年,随着流体力学、等离子体物理学研究的不断拓展,等离子电弧汽化技术也被广泛应用到工业、军事、医学、生物学、化学、农业等众多领域。

垃圾

强力金属切割机

垃圾处理厂

在遥远的大西洋海岸,美国佛罗里达州的一家垃圾处理工厂,正在计划采用这种等离子电弧汽化技术来处理垃圾。在等离子电弧汽化技术应用成熟之后,预计该工厂每天可以把3000吨的垃圾转变成热蒸汽供应给附近的工厂和企业,还可以供应有20兆瓦特的电能。另外,在处理垃圾的过程中所产生的软化残渣还能用于建筑施工,将粉尘化污染最小化。非常重要的是整个垃圾处理的过程所生产的有害物质几乎没有。

 知识卡片

流体力学

流体力学是连续介质力学的一门分支,是研究流体(包含气体及液体)现象以及相关力学行为的科学。

流体力学

四、细菌造油

第 **1** 章
前沿科技

1852 年，波兰的依格纳茨·卢卡西维茨首先发明使用石油提取煤油的方法。1853 年，波兰南部克洛

垃圾处理厂

斯诺附近成立了当时现代第一座油矿。此项方法很快就在全世界推广开来。8 年之后，在巴库建立了世界上第一座炼油厂。当时巴库出产世界上 90% 的石油。后来斯大林格勒战役就是为夺取巴库油田而展开的。

多伦多大学教授魏曼，很早之前就已经找到能够"制造石油"的细菌，这些被发现的微生物组织结构中，几乎 80% 是含油的物质。我们可以从电子显微镜下看到它们像一个个的塑料口袋，里面装满了油。魏曼教授将这些微生物放在一起，喂以二氧化

碳，不久这些微生物就组成一个小型产油田，在实验室里竟然制造出 4 升油，而且这种油很像柴油。事实上，石油的生产也是从千奇百怪的微生物中制造出来的。很久以前，水生生物埋藏在地下经过大自然的作用变成了石油。

科学家们后来发现，不少微生物能够"吃"这类碳氢化合物，而且还有"积存"碳氢化合物的本领。例如，一

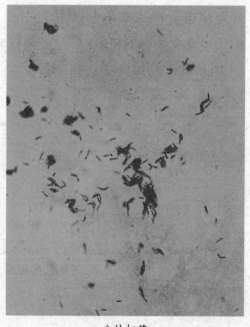

分枝杆菌

炼油厂

种叫分枝杆菌的微生物，它能够产生类似于碳氢化合物的霉菌酸，经过酶的催化作用聚合到一起，就得到了一种真正的石油。如果根据这一原理，我们建造一个人工湖，将这些能造油的微生物放养到水里，水里有足够的二氧化碳供它们"食用"。在这种环境下，这些微生物便能够进行大量繁殖。然后将培养出来的微生物用过滤器收集，送到专门的工厂里去炼油，只要二氧化碳供应充足，这些细菌造油的速度很快，几天就能收获一次。细菌造油的人工湖和炼油厂的建造不需要花费太多的成本，而且生产持续不断。据有关专家预测，只要把握好天时地利，每亩水面每年能够生产 3700 桶原油。

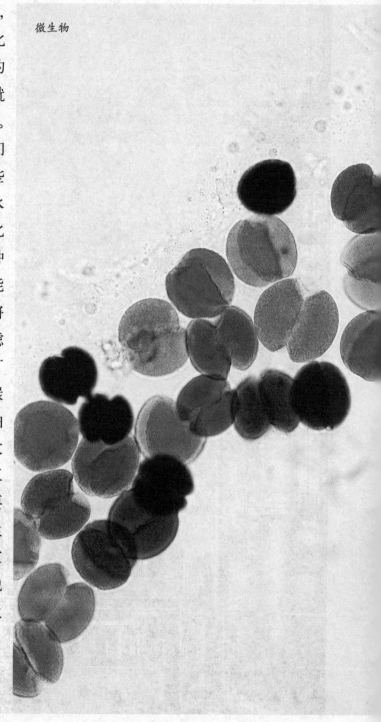

微生物

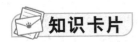

最大的微生物和最小的微生物

最大的微生物：

　　目前世界上已知最大的微生物，是在1985年发现的一种生长于红海水域中的热带鱼，其体内小肠管道中的微生物，这是当时世界上所发现最大的微生物。它外形与雪茄烟类似，长约200～500微米，最长可达600微米，体积约为大肠杆菌的100万倍，这种微生物并不需由显微镜观察便可直接由肉眼察觉到它的存在。

最大的微生物

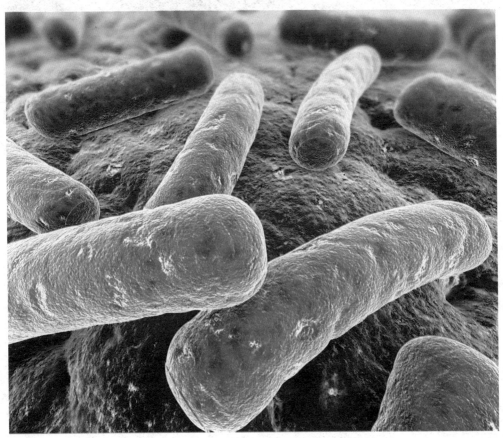

最小的微生物：

目前世界上已知最小的微生物是支原体，它是一类介于细菌和病毒之间的单细胞微生物，是地球上已知的能独立生活的最小微生物，大小约为100微米。支原体一般都属于寄生生物，其中最有名的当属肺炎支原体，它能引起哺乳动物特别是牛的呼吸器官发生严重病变。

支原体

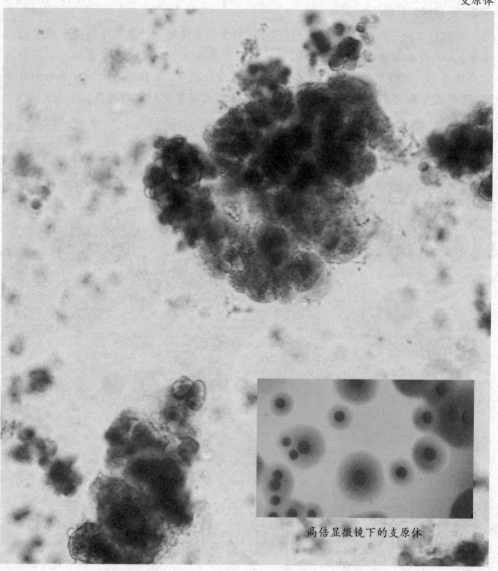

高倍显微镜下的支原体

五、可弯曲的水泥

可弯曲的水泥在这里称之为工程黏性水泥，是一种具有高韧性的延性混凝土材料。能够弯曲是指它具有很大的吸收能量的能力，可以显著提高混凝土结构的抗震水平，在抗震结构、抗冲击结构、结构裂缝控制和耐损伤工程结构中都可以采用这种混凝土。

这种水泥由密歇根大学研制而成，它采用了高性能纤维增强水泥砂浆，生产工艺与纤维混凝土类似，但是粗骨料一般不采用，纤维体积含量一般不超过2%。

工程黏性水泥是基于微观层面

钢筋混凝土

的纤维增强机理,采用极细的高性能乙烯纤维和聚乙烯纤维,这两种材料极大地改善了水泥的拉伸延性。它甚至具有类似金属材料的拉伸强化,其极限拉伸应变可达到5%～6%,相当于钢材的塑性变形能力,是一种可像金属一样变形的混凝土材料,俗称为可弯曲水泥。

因为工程黏性水泥具有相当强的变形能力,所以可用于混凝土结构中一些

黏性水泥

桥梁延伸工程

塑性变形较大的构件和部位。例如，在塑性铰区使用工程黏性水泥，可很大程度上在塑性变形阶段保持塑性铰的完整性。

另外，工程黏性水泥的抗压强度相当于混凝土，抗压弹性模量较低，而受压变形能力比普通混凝土大很多。并且工程黏性水泥的耐火性和耐久性也被证明超过普通混凝土。美国密执安州一座桥梁的延伸工程就采用了工程黏性水泥；日本一家建

抗震的木结构及轻钢结构房屋

筑公司在一次大地震后为加固一座楼的支柱也使用了工程黏性水泥。但是据有关专业人士预测,工程黏性 水泥用于普通建筑工程,估计还需要一段时间的研究实践。

延展性

延展性——物质的一种机械性质,表示材料在受力而产生破裂之前,其塑性变形的能力。在材料科学中,延性是材料受到拉伸应力变形时,特别被注目的材料能力。它主要表现在材料被拉伸成线条状时。展性是另外一个较相似的概念,但它表示为材料受到压缩应力变形,而不破裂的能力。展性主要表现在材料受到锻造或轧制成薄板时。延性和展性两者间并不总是相关,如黄金具有良好的延性和展性,但铅仅仅有良好的展性而已。

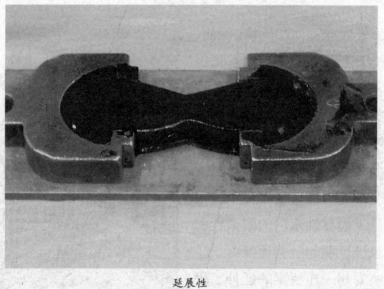

延展性

六、生物计算机

随着计算技术的快速发展,现在所应用的计算机存储技术是将信息储存于硅片上,一块小小的硅片就可

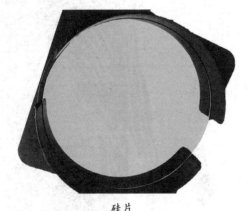

硅片

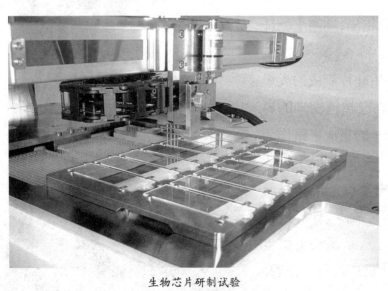

生物芯片研制试验

储存上百万个信息。但是由于技术上的限制,使得金属硅片上的信息不可能无限增大。最近,科学家们发现了生物分子也可以像集成电路一样储存、传递信息。同时,细菌里的DNA具有较强的记忆能力,可用来当作计算机的存储器。有人曾预言,以生物作为存储媒介的计算机不久将问世,细菌作为软件可以代替集成电路。初级生物计算机的外壳设计由一种非常薄的玻璃膜构成,里面装饰精巧的晶格,晶格内可以容纳一个生物分子的芯片,由生物芯片组成生物集成块,承担了计算机CPU的工作。这种生物芯片是应用生物工程按人的指令设计的。生物计算机

是一部活的计算机。倘若在医学上，把细菌制造的生物计算机植入动物或人的体内，可以取代机体内某一器官组织的机能，例如将盲人眼内植入生物计算机就可代替眼神经功能，帮助盲人重见光明。

全自动生物芯片扫描仪

科学家们也曾指出，细菌生物计算机有很多显著的特点。第一，能制成超高密度线路，用硅片制成的大规模集成电路幅度难以超越微米的界限，但是以生物分子的集成电路作为元件就可以达到；第二，模拟生物体本身带有的自我修复机能得到全面发挥，即使芯片出了故障，计算机也可以自我修复。第三，从源头上讲生物元件是利用生化反应进行工作的，

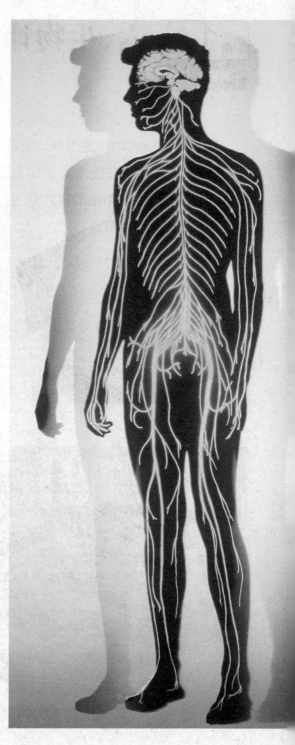

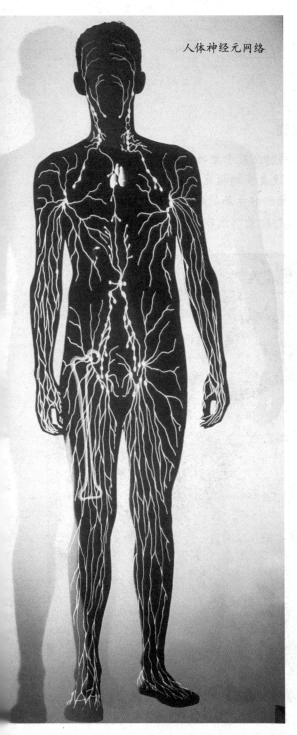

人体神经元网络

所放出的热量也会很少。

生物工程揭示了与大脑神经突触相类似的生物分子"开关"机理,利用DNA的拆分、拼接、编辑、复制等重组技术,可设计成生物集成电路,这种生物电路比半导体集成电路要小几个数量级,用生物电路构成的计算机,只相当于现代计算机的几十、几百分之一,而其计算能力大几亿乃至几十亿倍。生物工程研究的科学家们现在已掌握了生物电路的操作方法,可是还未将这些电路拼接起来。不管怎样,生物计算机的前景还是相当吸引人的。

DNA 模型

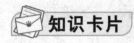

生物

　　生物是指有生命的个体。生物最基本的特征在于生物进行新陈代谢及遗传。所有生物一定会具备合成代谢以及分解代谢，这是互相相反的两个过程，并且可以繁殖下去，这是生命现象的基础。自然界是由生物和非生物的物质和能量组成的。有生命特征的有机体叫做生物，无生命的包括物质和能量叫做非生物。

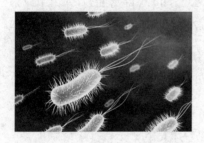

各种生物

七、人工晶体

第**1**章
前沿科技

许多单晶体具有自己独特的物理性质和化学性质，被广泛应用在现代科学技术中。由于天然单晶矿物无论在品种、数量和质量上都不能满足人们日益增长的多元化需要，从而促进了人工合成单晶的迅速发展。

地质学家最早开始研究人工合成晶。在 19 世纪中叶到 20 世纪初，地质学家认为许多矿物是在水相中高温高压条件下形成的。为了验证他们的理论想法，很多地质学家开始在实验室条件下合成这些晶体，也从而建立了水热法合成水晶的基础。20 世纪初的时候，人们采用了焰熔法制造出了红宝石，开创了用人工晶体代替天然晶体的先河。此后，一直到 20 世纪 40 年代，不少人对人工合成的晶体

人工晶体

进行了研究,逐渐研究出了若干实用价值的大单晶体。例如,熔体中生长各种碱卤化合物光学晶体。现在,制造单晶体最常的方法就是这一时期发明。

在第二次世界大战期间,许多军事科研人员对作为战略物资应用的人工晶体进行了大量研究,例如压电水晶的合成,各种压电晶体的生长,绝缘材料云母的合成等。后来,固体物理学研究的进展,高温高压技术的进步有力地推动了人工合成晶体生长技术和理论研究的全面发展。在高温高压下制造出的人造金刚石及

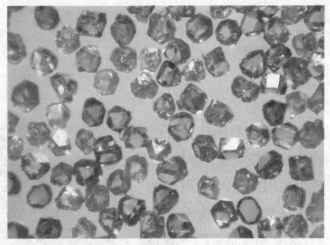

人造金刚石

大量半导体单晶的合成是非常重要的突破。特别是提拉法和区熔技术用于制备和提纯锗和硅单晶获得成功,使半导体技术由检波器发展到晶体管、集成电路和大规模集成电路,开辟了微电子技术时代。20世纪60年代,第一次用红宝石晶体观察到了激光,这开启了激光和光电子技术的新纪元。在此之后的30年当中,激光晶体、非线性光学晶体和化合物半导体晶体都有很大的发展,出现了相应体块单晶的自控生长技术和先进的外延薄膜生长技术。有专业人士称,人工晶体在20世

单晶体

纪末将在光电子工业中发挥先导和基础作用,目前在各技术领域中应用的晶体,几乎全部是人工晶体。

晶体管主要分为两大类:双极性晶体管和场效应晶体管。

同时,晶体管有三个极:双极性晶体管的三个极,分别由 N 型跟 P 型组成发射极、基极和集电极;场效应晶体管的三个极,分别是源极、栅极和漏极。晶体管因为有三种极性,所以也有三种使用方式,分别是发射极接地、基极接地和集电极接地。

晶体三极管

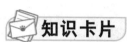知识卡片

红宝石

红宝石是刚玉的一种,主要成分是氧化铝(Al_2O_3),红色来自铬(Cr)。没有铬的宝石是蓝色的蓝宝石。

红宝石

八、声音识别技术

麦克风

近些年来,随着科学技术的发展,声音识别技术日趋成熟。声音识别无须培训,操作者只需要在执行正常工作时用相应的设备捕捉和记录信息,因此这种技术也是非常经济的。

声音识别技术是将人或动物所发出的声音、字或短语转变成设备中的电信号,然后再将电信号转换成工作者设计的编码图形。这种带有声音识别技术的设备并不是将人说出的语言翻译成字典上的"拼写",而是翻译成一种机器可读的程序形式,从而再嵌入某种机械动作。声音识别装置可以作为一个独立系统,也可以集成于其它技术系统,声音识别装置在实时数据的发源地进行信息捕捉。操作者可以使用类似电话的手持式的声音识别装置,或头上戴一个微型耳机,然

耳机

后连接到一个编程的词汇表中去识别这些词汇,再将它们转换成模拟电信号。这种模拟信号通常被数字化处理后通过样板匹配或特征分析来进行解码。这些设备的输出信号,可以送入个人计算机或专门用于驱动各种各样设备的专用语音识别机,进而操作如电子秤、仪器、传送带、工作站、终端和打印机等。

声音识别系统可以划分为持续讲话系统和单个单词系统两大类别。持续讲话声音系统允许用户以正常速度讲话。单个单词声音系统则要求用户讲话的每个字或短语之间,要有稍许的停顿。单个单词声音系统较连续讲话声音系统的价格便宜一些,但用户使用单个单词声音系统容易疲劳。

在高速、精确、实时数据采集的情况下,且现场的操作人员都已经被占用的情况下,声音识别技术则显得十分有用。例如,实验室的操作过程、货单控制、叉车操作、分类及材料处理,声音识别技术都可大显其能。

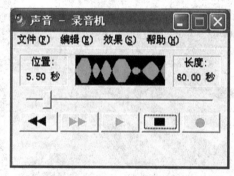

音频采集工具

目前,大多数声音系统是自培训系统,安装时都需要用户自己将词汇表预先读入系统。因此,系统避免不了讲话人有口音、方言土语、带有特定工作需要的词汇或专门术语被录入进去。现在一种自主的语音系统能够理解预先记录经过综合处理后

叉车

所存储的词汇，无须人员预先培训。但是，对于特殊词汇的理解，这种系统就显得逊色很多。虽然连续的自培训语音系统已经达到实用化阶段，但连续的自主语音系统还处于实验室研究开发阶段。如果这一系统一旦整体性研究成功，就可以理解几乎任何人讲的任何事情；那时，对于改善今天这些基于语音识别的系统，将是非常有意义的。

录音

知识卡片

声音的特性

音调、响度、音色是声音的三个主要特征，人们就是根据它们来区分声音。

响度

人主观上感觉声音的大小(俗称音量)，由振幅和人离

音箱

声源的距离决定，振幅越大响度越大，人和声源的距离越小，响度越大。

音调

声音的高低，由频率决定，频率越高音调越高。频率是每秒经过一给定点的声波

数量,它的测量单位为赫兹,是以一个名叫海里奇 R.赫兹的音响奇人命名的。此人设置了一张桌子,演示频率是如何与每秒的周期相关的。1000 赫表示每秒经过一给定点的声波有 1000 个周期,1 兆赫就是每秒钟有 1000000 个周期,等等。

(3)音色

又称音品,波形决定了声音的音色。声音因不同物体材料的特性而具有不同特性,音色本身是一种抽象的东西,但波形是这个抽象直观的表现。音色不同,波形则不同。典型的音色波形有方波、锯齿波、正弦波、脉冲波等。不同的音色,通过波形完全可以分辨。

音色波形处理软件

(4)乐音

有规则的让人愉悦的声音。噪音:从物理学的角度看,由发声体作无规则振动时发出的声音;从环境保护角度看,凡是干扰人们正常工作、学习和休息的声音,以及对人们要听的声音起干扰作用的声音。

九、生命的储存

将现存的生命储存起来，适当的时候再取出来，将已消失的生命再起死回生，这并非天方夜谭，飞速发展的生物学技术将使这个幻想成为现实。很多生物都有冬眠的习性，这是在低温时期停止活动，基本不摄取外界营养，而以仅能维持生命的最低代谢活动生存。但是人不能冬眠。1978年，在加拿大北部一名6岁儿童不幸落入冰窟，当他被抢救上来时身体已经冻僵，人们都以为他已死亡，后来发现他的代谢还在进行，但非常微弱。救护工作整整进行了6年，孩子才从昏迷中苏醒过来，而他的记忆已全部丧失，智力仅相当于2岁的幼儿，经护理人员的启发与训练，这个儿童的智力才逐渐恢复。

这给人们以很大的启示，人是否可以冬眠呢？对目前医疗技术无法治愈的绝症病人是否可以先把他冷藏起来，待将来医疗手段提高后再救活他？就是说，把生命以冷冻的方法

微试管解冻器

解冻箱

储存起来，根据要求随时取出。这项工作实际上早已在实验室中进行着。人体各部分的细胞都可以人工培养体外增殖，把人工培养的人体细胞放到液氮中冷藏，几年以后取出，可以正常生长。但迄今为止，尚不能储存

完整的生命个体。因为对较复杂的多细胞生命来说,冷藏似乎较容易办到,但复苏是个难题。不能复苏,冷藏就等于死亡。近年来,这项研究工作已可以把果蝇的胚胎冷藏后再取出生长;泥鳅鱼放到液氮中冷冻后取出,落到地板上马上碎裂,但放到水里很快可以游动;最近北京某医院已用冷冻胚胎成功地培育出试管婴儿,

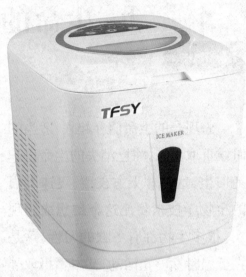

胚胎冷冻仪

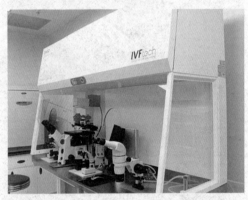

冷冻胚胎试验室

这使冷藏生命的工作又获得了一大进步。但对于人体来说,冷藏还不可能立即实现。即使如此,在国外也仍有些因患不治之症的患者希望冷藏起来,有朝一日先进的医学技术再使他们生命重新运动起来,复苏后得到治疗。据说现在已有几个自愿者静静地躺在冷柜中。也许他们从此真正地死去了,也许将来还可以复苏,

目前谁也不知道这是一具尸体还是一个生命,法律界控告医生杀害了这些人,科技界则申明是科学技术将延长他们的生命,冷冻人体是"医学死亡"而不是"生物死亡"。这一分歧也许要争论到 21 世纪。待十几年或上百年以后,医学技术把冷藏人复苏了,并治愈了他们过去的绝症,才会使社会普遍接受这种现实。

假如人类生命可以储存,也许人类将来的历史不必全部由历史学家或考古学家来研究了,而可以依赖冷藏数百至上千年的冷藏人现身描述。只要你愿意,你可以通过反复的冷藏,复苏,断断续续地活在世上千八

百年,创造不连续生命的奇迹。

这不是狂妄的幻想,在实验室里,已培养着死去数十年的人的细胞,他的全部遗传信息还留在人间。终究有一天,人类可以由存储单细胞到存储整个人。

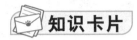

知识卡片

冬眠

冬眠指的是温血动物、某些哺乳类动物和少部分的鸟类在寒冷的季节,会通过降低体温的方式而进入类似昏睡的生理状态。人们研究动物冬眠,主要是针对温血动物。因为它们能精确地和有目的地控制自己的体温。

冬眠的动物

第**1**章
前沿科技

十、绿化电脑产业

在环境保护范围不断扩大的今天,看似无害的电脑也受到绿色革命的冲击。美国环境保护署(EPA)发起的"能源之星"计划,则更将带动电脑产业界的一次革命。绿化电脑、打印机、外部设备等早期产品,已在1992年开始上市。从1993年6月17日起,凡是电脑相关产品在非使用状态下,使用电力低于30瓦的电脑产品都能获得EPA颁发的"能源之星"标签,引导用户购买。从美国

"能源之星"标签

刮起的这股"绿色旋风"将促进全球电脑产业界开发节能型产品,带动新一代电脑技术和市场的发展。

绿色电脑就是符合环保概念的计算机主机及其相关产品(含显示器、打印机等外设),具有省电、低噪声、低污染、低辐射、材料可回收及符合人体工程学特性的产品。其具体特征如下:

环保的一体电脑

节能电脑

省电

采用 3.3V 低电源电压或混用 3.3V 和 5V 电源电压的微处理器芯片或相关芯片组;采用节能的平板液晶显示器;采用高效率的电源供应器等。

低污染

不使用破坏臭氧层的 CFC 和三氯乙烷化学物质。

低污染贴面材料

材料可回收

这包括系统结构、外壳制造生产材料、包装材料、打印机色匣和打印纸等。

符合人体工程学

操作方便、安全、人机界面友好等。由上述可知,这实际上是一种安全节能型的个人计算机,它将耗电量、消耗品以及对健康和环境的危害都减小到最低限度;这种个人计算机也称为绿色机器。GM 超越了已被人们广泛接受的人体工程学思想。

个人电脑

全部由可回收环保材料制成的电脑

人体工程学基本上是把个人计算机用户的安全性、舒适性以及易操作性（用户的友好性）作为主要着眼点；而GM则又增加了对节能、无公害、净化环境等方面的考虑。美国环境保护署发起的"能源之星"计划，得到了计算机制造产业界的广泛支持。

随着环保和节能意识的日趋强烈，绿色计算机将越来越受到人们的欢迎。因此，世界各国都十分重视推行"绿色计算机"运动，对绿色计算机的相关规范的制订、宣传和贯彻以及有关产品的检验等都十分热情。据估计，如果"能源之星"计划能实现，每年将节省250亿千瓦小时的电力，并将减少二氧化碳排放量和它散发而引起的酸雨。

知识卡片

酸雨

酸雨也称为酸性沉降，它可分为"湿沉降"与"干沉降"两大类，前者指的是所有气状污染物或粒状污染物，随着雨、雪、雾或雹等降水形态而落到地面，后者则是指在不下雨的日子，从空中降下来的落尘所带的酸性物质。

酸雨

第 **2** 章

交通运输与
电子通讯

◎ 智能交通系统（ITS）
◎ 无线激光笔
◎ 网络视频技术
◎ 数据云技术
◎ 可编程序控制器
◎ 汽车电子化
◎ 电子书籍
◎ 全球移动通信系统
◎ 电力电子技术
◎ 数字图书馆
◎ 氢的制取和利用
◎ 全球个人通信
◎ 射频通信技术
◎ 灵巧卡

一、智能交通系统(ITS)

美国交通部正在积极推进有关汽车智能一体化技术,即智能交通系统。此项最新技术将重点开发四种产品:车内信息处理设备、故障诊断与预警设备、辅助驾驶设备和一种能自动介入的安全设备。这些设备将与安装在沿线交通设施上的其他装置协调工作,以确保车辆性能与驾驶员驾驶能力维持在最佳的状态。

在驾驶资格自动检测上,车载装置首先会将无驾照者、身体与精神状态不适合者都迅速地鉴别出来,使其无法进入车辆启动程序,这样就从根源上杜绝了一部分交通事故。同时,车载装置还将实时跟踪检测驾车者是否处于警觉状态,实时检测其驾驶行为是否正常。这项计划包括安装一个5.9赫兹的短距离无线通信设备,来方便司机在驾驶途中与周围车辆的司机进行对话。同时,还要在交叉路口和直道处安装一种控制设备,汇集有关汽车的速度和位置,以及周边交通状况图和天气条件等信息,以便司机可以准确把握综合信息,远离可能出现的交通拥堵地点。

疲劳驾驶

城市公路

在最近 10 年里，信息通讯技术的发展为交通运输行业带来了各种机遇与挑战，智能交通系统 (ITS) 便是其中最活跃而且全面应用了信息技术的一个交通运输发展综合领域。ITS 就是信息技术，主要得益于计算机、通讯和感应技术三者结合在交通运输系统中的实际应用。目标就是强化对公路城市道路、公共交通等交通设施的管理，实现更安全、更便捷、更有效的客货运输。

而对出行者来说，一个整体化的交通信息网络意味着将来的出行会更加方便、更加省时、更加经济。各种交通工具包括公共汽车、城市轨道交通、公路客运和小汽车之间全面协调运营，形成一个整体化的和谐的交通运输系统，智能交通系统就是这样推行的。在一次出行过程中，各种交通工具之间的转换问题、绕行和换乘引起的时间改变、不同地区之间的服务标准等问题，都可以得到合理的解决。

智能交通系统

交通网

在特定的地域范围内,根据地区经济的发展和人们活动的需求,各种现代交通运输方式联合,各种交通运输线点交织,形成了不同形式和层次的交通运输网,简称交通网。

交通网

二、无线激光笔

第2章 交通运输与电子通讯

在教师、演讲人员做教学演示和项目演示时，都碰到过类似的尴尬，需要一边操作电脑一边讲解，很不方便。如何让演讲者在教学演示时彻底解放出来，真正达到"走到哪里，讲到哪里，讲到哪里，指到哪里"的完美演讲状态，就成为现在科技人员思考的课题。一种新发明的无线激光笔让演讲者在演讲时能最大限度地发挥肢体语言的优势，让演讲更加生动完美，彻底解决以往在课堂和会议上使用鼠标的不便。

无线激光笔是专门为计算机及多媒体投影机设计的一款新型专利电子产品，在欧美等发达国家的使用率已经非常高了。它除了具备传统激光的映射功能外，还可以通过简单地按动笔上的按钮来上、下翻页，通过无线方式直接远程遥控电脑或多媒体投影设备，实现电子文档的自由翻页和随意演示。

无线激光笔是由一个 RF 射频

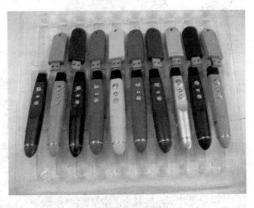

多种多样的无线激光笔

遥控器和一个接收器组成，RF 射频遥控器里面嵌有无线 RF 射频发射器，在使用时只需将接收器插入电脑主机的 USB 接口上，无需安装驱动即可正常工作，演讲者只需点击 RF 射频遥控器的相关功能键便可操纵接收器。

无线激光笔将人们从电脑旁边彻底解放出来，演讲者不必总是站在计算机旁边。在电子教学、演示文稿和报告演讲的时候，对重点内容的解说只需用手轻轻一按红色激光点就可以映射在需要强调的文档内容屏幕上，再也不用走到投影屏幕前操作

设备，保证了演讲节奏的持续。同时，演讲者只需轻轻点击相关功能按钮就可以将电子文稿翻向要演讲的页面。无论在演讲厅的哪个角落，只需轻轻一按无线激光笔上下翻页键，想要的画面就会自动出现在屏幕上，再也不需要您永久静坐在讲台前操作电脑，省去了走回讲台更换页面的环节，真正体现无线点击。

无线激光笔这种新技术产品，广泛应用在学校、科研院所、政府机构、智力密集型企业、培训中心、医院、酒店、展览、投标、商务交流等场合中。同时，无线激光笔也是投影机和笔记

多媒体教室

本电脑的必备附件,并可根据用户的需要提供个性化 LOGO。目前,无线激光笔的外观大多数是红色的,绿色和蓝色比较少,而且贵。红色的激光笔制作成本低廉。

知识卡片

激光

激光的最初中文名叫做"镭射"、"莱塞",是它的英文名称 LASER 的音译,意思是"通过受激发射光扩大"。1964 年按照中国科学家钱学森的建议,将"光受激发射"改为"激光"。

激光应用很广泛,主要有激光打标、光纤通信、激光光谱、激光测距、激光雷达、激光切割、激光武器、激光唱片、激光指示器、激光矫视、激光美容、激光扫描、激光灭蚊器等。

激光

三、网络视频技术

第2章 交通运输与电子通讯

伴随着计算机网络技术的快速发展,越来越多的普通用户在电脑上观看视频,网络视频技术正逐渐走向成熟。一方面,这种新技术具备以往硬件视频会议系统的音视频交互的

网络视频

优势;另一方面,通信技术与计算机及网络技术充分结合,把各种数据协作、工作协同等功能应用得更加完美。同时,网络视频技术还避免了硬件视频会议要花费的昂贵设备投资,系统也更加方便和易用。

近年来,美国苹果电脑公司研制的ITV流媒体机顶盒能非常方便地在网上观看视频。2006年,谷歌公司以16.5亿美元的价格收购了视频网站YouTube.Com。这项举动表明,网络视频技术具有很大的经济价值。

网络视频技术是随着计算机技术和网络通讯技术的发展,结合了计算机、通讯技术、电视技术而迅速兴起的一门综合性技术。与传统电视行业相比,网络视频具有更加灵活多样的表现形式,比如及时发布信息、自主选择频道等。网络视频技术彻

苹果电脑公司标志

互联网

YouTube

全球最大的视频分享网站

底改变了过去收看节目的被动接受方式,集动态影视图像、静态图片、声音、文字等信息为一体,为用户提供实时、交互、按需点播等服务,充分实现了节目的按需收看和任意播放。而视频网站的兴起,不仅仅促进了整个互联网行业产业链的形成,还使网民的选择更加多样化、多元化。

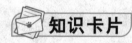 知识卡片

互联网

互联网-即广域网、局域网及单机按照一定的通讯协议组成的国际计算机网络。互联网是指将两台计算机或者两台以上的计算机终端、客户端、服务端通过计算机信息技术的手段互相联系起来的结果,人们可以与远在千里之外的朋友相互发送邮件、共同完成一项工作、共同娱乐。

互联网

四、数据云技术

第2章
交通运输
与电子通讯

数据云技术具体表现为现在的网络硬盘技术，它是一块专属的存储空间，用户通过登录网站可以方便地上传和下载文件。这种独特的分享、分组功能，突破了传统设备存储的概念。

目前，正在开发当中的数据云技术，将使网络用户通过互联网迅速链接同步共享大量数据，无论是占用空

光盘存储设备

网络硬盘

间有限的文本文件还是海量收藏的音乐作品，都将能够很方便地存储在网络上，或者能从网络的任何地方获得，并能自己收藏或发送到其他地方。

当今数字化时代，网络用户常常需要将数据拷贝到可重写光盘、闪存设备上，或在存储器之间互相转存，或通过电子邮件传送。由于操作步骤繁多，很多人感觉到实在太麻烦。

"云计算"概念图

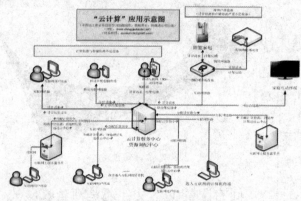

"云计算"应用示意图

网络硬盘系统

与其他同类设备存储产品相比较,网络硬盘综合了很多优点。它是一种功能强大、操作便捷、大容量、异步的存储工具,有了它就不必再为如何在办公场所、学校、网吧以及家里之间共享个人文件而犯愁。只要有网络就可以用有效账户进行登录,对已有的文件夹和文件进行管理,同时还能与用户及所有网民共享相册和视频文件等。

相比电子邮件,网络硬盘更多地应用在个人文件的存储、共享、发送等各式网络文件管理。这样就可以突破电子邮件附件对文件大小的要求限制。据了解,谷歌公司研制的Gdrive项目也属于数据云技术。有专业人士指出,无限量的数据存储正在变得越来越现实,也必将改变计算机信息存储发展的面貌。

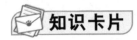

云计算

云计算在狭义上指 IT 基础设施的交付和使用模式；广义上指服务的交付和使用模式。云计算是基于互联网的相关服务的增加、使用和交付模式，通常涉及通过互联网来提供动态易扩展且经常是虚拟化的资源。

云计算是网格计算、分布式计算、并行计算、效用计算、网络存储、虚拟化、负载均衡等传统计算机和网络技术发展相互融合的产物。

云计算时代概念图

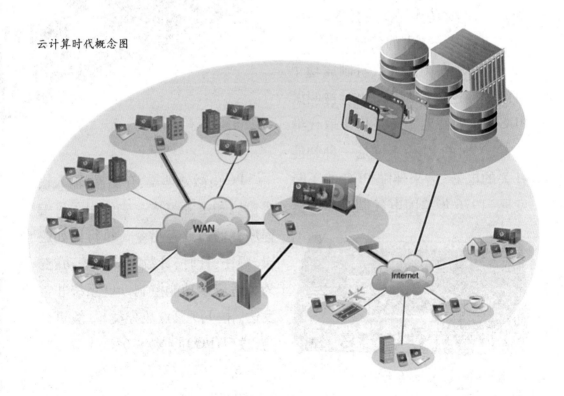

五、可编程序控制器

第2章
交通运输
与电子通讯

在现代工业生产过程中,很多机械控制都是时间层面、前后顺序控制。在这以前,都是用继电器、时间继电器等器件组成一个控制装置。简单的控制系统需要有一个控制装置,后来又出现了用集成电路组成的装置,采用二级管插入矩阵板中编程的方法,亦称为步进式顺控器。

随着电子技术的发展,20 世纪60 年代末,在美国首次研制成功了可编程序逻辑控制器,当时被叫做PLC,它的开发主要是用来取代继电器。当时的 PLC 不过是一种智能开关的电器。后来伴随 PLC 的不断发展,1976 年美国电气制造商协会

PLC 机

正式命名为可编程序控制器,简称PC。

I/O 接口

PC 由微处理器、存储器、输入输出模块和电源组成。它使用了可编程序存储器储存指令,执行诸如逻辑、顺序、计时、计数与演算等功能。为了适应多功能控制,I/O 系统非常发达。按 I/O 总点数分类,一般可分为:微型(I/O 总点数≤64)、小型:(65 ~ 256)、中型:(257 ~ 1024)、大型:(> 1024)。

PC 机

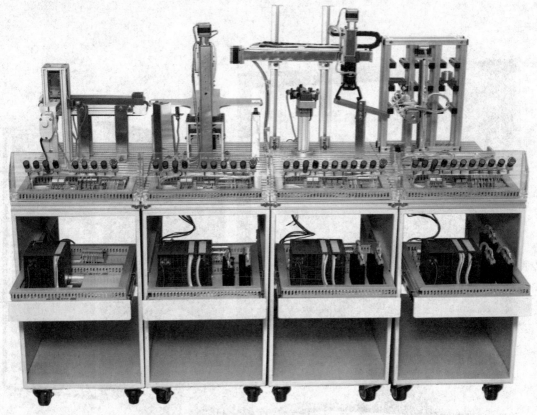

PLC 机在设备上的应用

PC的特点与它的设计思想是分不开的。它的设计是以工业现场应用为前提,因此它的主要特点有:

可靠性高

工业控制可靠性最为重要,PC为工业环境而设计,所以具有很强的抗干扰能力。目前的产品平均无故障时间一般都能达到几万个小时,甚至有的达到上百万个小时。

功能完善

PC可以与现场信号和执行机构直接相连,并具有逻辑和算术运算、定时、计数、顺序控制、功率驱动、通讯、人机对话、自检和显示等功能,使控制水平大大提高。

编程简单

目前大多数 PC 都采用继电器控制形式的"梯形图"编程方式。电气工程师比较容易接受，而且清晰直观。

自 20 世纪 80 年代以来，PC 的发展是很快的。在汽车制造工业领域，PC 占的比率较大。在传统的机械制造领域，PC 一直保持优势，并广泛用于钢铁、煤矿、水泥、石油、化工等行业，是用于工业自动化领域的一种通用控制装置。在美、日、德等工业发达国家，PC 已作为自动化系统的基本装置，在柔性制造系统、集散型控制系统以及工厂自动化中大量采用。

在中国，主要是小型PC的应用发展。与发达国家相比，中国的PC研制发展还处在开始阶段，因此它的发展前景是十分广阔的。

工业自动化

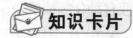

知识卡片

矩阵

在数学上,矩阵是指纵横排列的二维数据表格,最早来自方程组的系数及常数所构成的方阵。这一概念由 19 世纪英国数学家凯利首先提出。矩阵概念在生产实践中也有许多应用,比如矩阵图法以及保护个人账号的矩阵卡系统等。

存储矩阵

矩阵卡系统

62256	62128	6264				6264	62128	62256
A14	NC	NC	1		28	V_{cc}	V_{cc}	V_{cc}
A12	A12	A12	2		27	WE	WE	WE
A7	A7	A7	3		26	CS1	A13	A13
A6	A6	A6	4		25	A8	A8	A8
A5	A5	A5	5	6264	24	A9	A9	A9
A4	A4	A4	6	62128	23	A11	A11	A11
A3	A3	A3	7	62256	22	$\overline{OE}$	$\overline{OE}$	$\overline{OE/RFSH}$
A2	A2	A2	8	SRAM	21	A10	A10	A10
A1	A1	A1	9		20	$\overline{CS1}$	$\overline{CS1}$	$\overline{CS}$
A0	A0	A0	10		19	D7	D7	I/O7
D0	D0	D0	11		18	D6	D6	I/O6
D1	D1	D1	12		17	D5	D5	I/O5
D2	D2	D2	13		16	D4	D4	I/O4
GND	GND	GND	14		15	D3	D3	I/O3

六、汽车电子化

早在 20 世纪 60 年代的时候，电子技术就已经被应用到汽车制造当中。

20 世纪 70 年代初，汽车制造又实现了充电机电压调整器和点火装置的电子化。以后又发展了汽车电子控制的燃料喷射装置。

20 世纪 70 年代后期，随着电子科学技术的发展，微型计算机被广泛应用到汽车生产当中，才使汽车产品的机电一体化进入了实用阶段。

1977 年，美国最早开发出发动机控制系统，把原来的分离电器集中在一起，仅有传感器是分离器件。它的核心是一个由多块集成电路构成的微处理器，用来接收来自汽车曲轴、负压传感器、各温度传感器等信息，然后计算出点火时间，并向执行器发出指令。随着单片机技术的推广应用，汽车电子得到了更迅速的发展。

为了达到节能、环保、安全、舒适的目的，科学家们又开发了电子控制气化器、燃料喷射装置、制动防滑控制系统、汽油分配控制装置、集中报警装置以及便于操作驾驶的自动变速装置。各种机电一体化产品在汽车上安装起来，使现代汽车的性能大大提高。例如，电子点火装置，更加适应现代汽车的高速度、高压缩比和

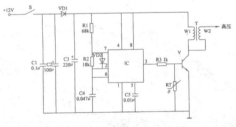

电子点火线路图

汽车电子点火配件

多汽缸的发展方向,这使得点火更为可靠。用电子装置进行排气控制和燃烧控制,不仅可以改善发动机的燃烧性能,还可以减少一氧化碳的排放。自动变速装置可以自动控制行驶速度和方向,减少事故的发生,便于司机的操作。汽车电子还可以完成诸如车速、油耗、里程、效率、成本、保养时间等各种信息的收集和处理。目前,一辆高级轿车上装有几十个微处理器,它的电子设备造价可占汽车总造价的20%以上。

中国汽车电子化的水平还需进一步提高技术,每辆汽车的电子设备费用才占总造价的1.5%左右。因此,中国的汽车电子产品市场将是前景无限的。

自动变速装置

电子技术的应用

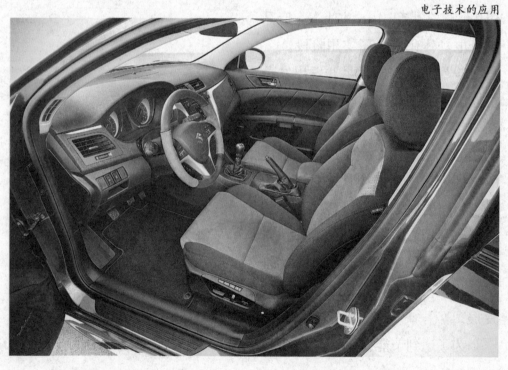

知识卡片

汽车上的 ABS

ABS 中文译为防抱死刹车系统,是一种具有防滑、防锁死等优点的汽车安全控制系统。ABS 是常规刹车装置基础上的改进型技术,可分机械式和电子式两种。它既有普通制动系统的制动功能,又能防止车轮锁死,使汽车在制动状态下仍能转向,保证汽车的制动方向稳定性,防止产生侧滑和跑偏,是目前汽车上最先进、制动效果最佳的制动装置。

装有 ABS 系统的车

ABS

七、电子书籍

第2章
交通运输
与电子通讯

电子书籍是指可以在电脑上创建和读出的图书资料。电子书籍除保留纸资料的最佳性能外，用户还可以以交互的方式对它施加说明。20世纪60年代初，大型计算机刚刚具有电子书籍所要求的速度、存储容量和显示的质量。到了20世纪70年代末期，第二代电子文本系统逐渐便宜下来，但人们只能用它创建简单的图书资料。近几年，随着计算机技术的不断进步，出现了超过纸性能的新型媒体。最近，一些供货厂商推出手持计算机设备，可以用手拿着随时随地阅读很长的资料，并且能够输出这些资料的复制品。同时，新式高级显示终端的软件产品也出现了，爱好读书的朋友可以用小型的电脑终端读书，这样使自己的学习变得既容易又舒适。

电子书籍

电子书籍的开发与应用有着很大的经济价值。因此,很多图书公司把它看成节省生产成本的一种有效手段。许多公司使用大量复杂的手册,每个复制件的成本很高,而一个只读光盘存储器却能够存放几个这类的手册。将这些存储光盘放在封皮中就可以长距离运输,价格又相当便宜。同时,少用纸张对周围环境的改善,也是很有帮助的。

纸资料的更改费钱、费时而又容易出错,而计算机网络仅用了一个复制品,就能为许多读者提供阅读服务。随着计算机网络和CD-ROM 使用的推广,出版商可以提供高效率的更新。维修和服务的技术人员,可以轻易地携带电子手册去客户处,避免遇到问题时再返回来取所需的资料手册。

时尚的电子读书器

PDF 格式

PDF 是一种便携电子文件格式的英文缩写，与操作系统平台无关，由 Adobe 公司开发而成。PDF 文件无论在哪种打印机上都可保证精确的颜色和准确的打印效果，会忠实地再现原稿的每一个字符、颜色以及图像。

PDF 格式

阅读 PDF 文件

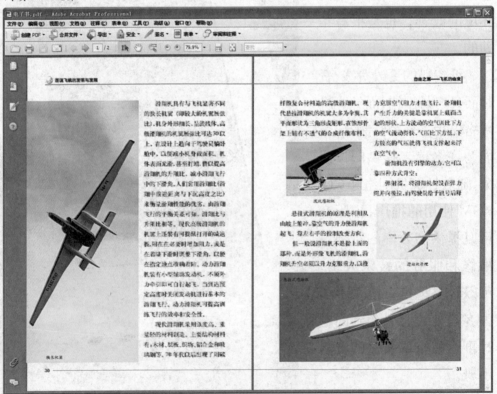

第2章 交通运输与电子通讯

八、全球移动通信系统

最近,欧洲工业界已经开发出了GSM移动电话系统,在全世界引起轰动。GSM这三个字母,最初为GroupSpecial Mobile 的缩写,其含义是专门移动电话集团。现在,GSM 却代表着GlobalSystemforMobile Communications的缩写,意为全球移动通信系统。新定义说明人们对于通信的需求已经发生了变化。欧洲18个国家的27个移动电话网络经营者,就共同的欧洲移动电话标准达成了一致协议,目的是消除欧洲不统一的移动电话通信服务局面。

从20世纪90年代来看,数字移动电话作为发展最快的公司业务之一,发展形势比以往任何时候都好。这种数字移动电话在 D1 和 D2 通信网中经过了新型无线通信系统的考验。

时至1993年初期,全球已有超

GMS 手机

过 50 多个国家的移动电话经营者采用了 GSM 标准,而且将在今后几年里建立起他们国家的统一网络格局。这种 GSM 数字移动电话技术规范的应用和推广,已远超出欧洲人原定的地域目标。这一发展形势的出现,使欧洲人自己都感到很吃惊。

移动通信信号塔

 知识卡片

美国电话电报公司

美国电话电报公司的前身是由电话发明者贝尔在 1877 年创建的美国贝尔电话公司。1895 年,贝尔公司将其正在开发的美国全国范围的长途业务项目分割,建立了一家独立的公司,称为美国电话电报公司 (AT&T)。

新、老美国电话电报公司

九、电力电子技术

半导体早已是为人们所熟知的名词，不过最初的时候人们是把半导体收音机叫做"半导体"的。在现在看来这种叫法是不正确的，因为半导体是材料的名称，而半导体收音机则是主要由半导体器件构成的家电产品，一般构成家电和电子仪器的半导体器件有晶体管和集成电路。在电力行业需要高电压、大电流的半导体器件，这类半导体器件称为电力半导体器件。

以电力半导体器件为核心，加上电力交流技术、控制技术、计算机技术、电子技术等科学技术的综合渗透，开创了电力电子技术应用的新开端。随着电力半导体器件的更新换代，电力电子技术已发展成为新兴的高技术产业，成为机电一体化技术的重要基础之一。

电力电子器件开始是单体元件的整流管，以后发展为普通晶闸管。20 世纪 70 年代以后逐渐研制出功率晶体管，可关断晶闸管、绝缘栅晶闸管和静电感应晶闸管。到 20 世纪 80 年代中期，又出现了第三代电力电子器件——功率集成电路。该类器件是把驱动电路、保护电路、检测电路和功率输出单元集于一体，在实际应用中更有优势。

目前第二代电力电子器件已达到耐压 4500V 以上，通

半导体广泛地应用于生活的各个领域

电动机

过电流 2500A 以上。第三代电力电子产品功率还较小,主要用于驱动电路,用以驱动末级的工作。

由于电力电子器件的发展,使电力电子装置实现了小型轻量化、高效率、低噪声、低成本和良好的控制性能。因此这些装置的节约电能、节约材料、节约投资的效果非常明显。

例如,在工业企业中,大量运用电动机做为原动机去拖动各种生产机械。如机床、电铲、轧钢机、吊车、风机、泵类、压缩机等,而这些设备的用电量约占工业生产用电的一半。采用电力电子技术控制电动机,可节电 30%～50%。据国外有关资料报道,冷却水泵节电 45%,空调泵节电 58%,送风机节电 39%。如果我国的电动机全部采用电力电子技术,以节电 20% 计,年节电在 400 亿度以上,相当于 40 台 20 万千瓦发电机组的发电量。例如,每度电 0.5 元,则节约人民币 200 亿元。

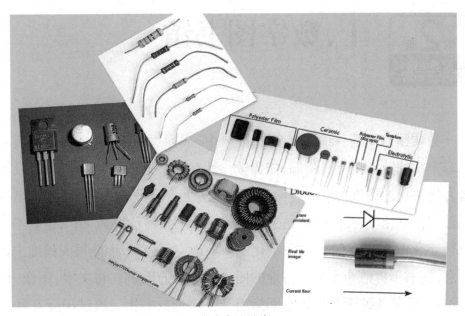

电力电子器件

 知识卡片

微电子技术

　　微电子技术是在电子电路和系统的超小型化和微型化过程中逐渐形成和发展起来的。第二次世界大战的中后期，由于军事需要，对电子设备提出了不少具有根本意义的设想，并研究出一些有用的技术。1947年晶体管的发明，后来又结合印刷电路组装，使电子电路在小型化的方面前进了一大步。到1958年前后已研究成功以这种组件为基础的混合组件。集成电路技术是通过一系列特定的加工工艺，

集成电路

将晶体管、二极管等有源器件和电阻、电容等无源器件，按照一定的电路互连，"集成"在一块半导体单晶片上，执行特定电路或系统功能。

十、数字图书馆

第2章
交通运输
与电子通讯

数字图书馆是一种拥有多媒体、内容丰富的数字化信息资源，能为读者方便快捷地提供信息的虚拟环境。在数字图书馆里，几乎所有信息均能以数字化的形式存储。被数字化的信息，图书不再散布于世界各地的图书馆中，而是流通于全球信息网络当中，或通过磁盘、光盘等磁介质永久性存储。这就使信息资源得以更便捷、更丰富地为人们所采用。虽然数字图书馆被称之为"馆"，但它不占用实地空间面积，因此很大程度上也不受时间的限制。将文字、图像、声音等信息数字化，通过国际互联网传

数字图书馆

输,从而做到信息资源全球共享,因此,人们将它又称之为"虚拟图书馆"、"无墙图书馆"。

在20世纪80年代,"电子图书馆"就在发达国家引起了重视,一些国家实施了这类图书馆的相关工程和项目,取得了很大的成功。自从进入90年代以后,美国的信息高速公路将图书馆、学校、机关、商业机构、家庭或个人连接到一起,并对所存储的信息资源提供检索和查询,实现了区域性乃至更大范围内的资源共享,由此便产生了数字图书馆的雏形。

与此同时,由于Internet的迅猛发展,彻底地改变了传统信息服务的格局,引发了信息采集、加工、传输及获取方式的根本改变,使电子图书馆到数字图书馆逐渐产生。数字图书馆概念一经提出,就得到世界广泛的关注,各国组织力量纷纷进行探讨研究,进行各种模型的试验。随着数字地球概念、技术、应用领域的发展,数字图书馆已成为数字地球家庭的成员,为信息高速公路提供必需的信息资源,是知识经济社会中主要的信息资源载体。

数字图书馆受到欢迎是因为它有许多令人感兴趣的优点。比如:

信息资源数字化

信息资源数字化是数字图书馆的基础,因为数字图书馆的其他特点都是建立在信息资源数字化的基础上。

信息网络化

信息传递网络化

在信息资源数字化的基础上,数字图书馆通过网络为主的信息基础设施实现资源共享。目前,数字图书馆正在通过由宽带网组成的 Internet,通过高速度、海量的计算机和网

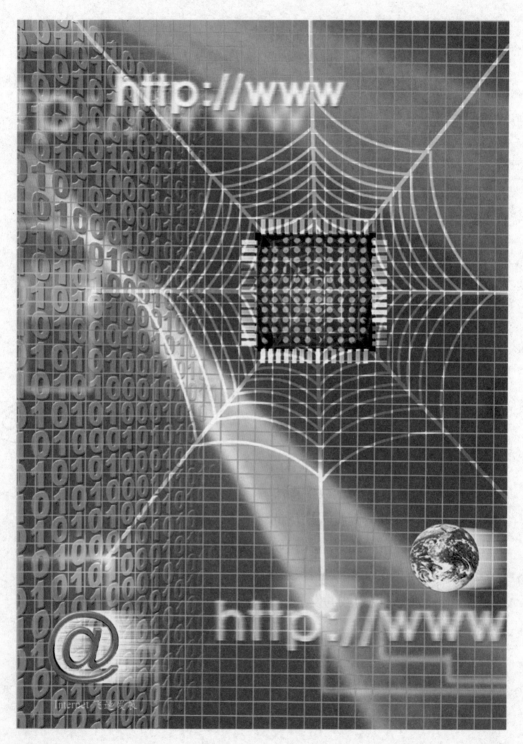

络系统,将全球的图书馆和数以万计的计算机构成一个整体。信息传递网络化的特点也同时带来了跨时空、跨地域、开放性标准规范化的信息服务,使信息的传递达到全方位的信息交互。

信息利用共享化

资源共享可以减少信息资源的重复采购,使有限的经费发挥最大的效益,提高知识资源的利用率。信息共享是数字图书馆的最大特点。由于有了数字化与网络化的基础,数字图书馆的信息共享化充分体现出了跨行业的资源无限,跨时空的服务特征,同时也体现了跨地域、跨国界的资源共建的协作化与资源的便捷性。

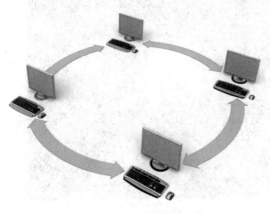

信息共享化

信息提供的知识化

与传统图书馆相比,数字图书馆实现了由文献的提供向知识的提供的转变。数字图书馆把图书、期刊、图像资料、数据库、网页、多媒体资料

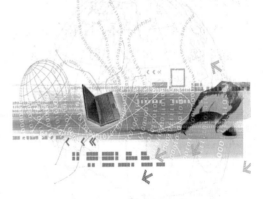

信息共享化

等各类信息载体与信息来源在知识单元的基础上有机地组织起来,为用户提供服务。数字图书馆信息提供的知识化,为广大读者提供了多种满足不同需要的数据库。信息加工的智能化和检索系统的完备,使数字图书馆能够为读者提供所需的各种知识信息。

信息实体虚拟化

数字图书馆使实体图书馆与虚拟图书馆结合在一起,在实体图书馆的基础上趋向虚拟化。在网络环境下,以各类文献为载体的知识信息都可以转化为数字形式,向世界各地传输。从而打破了单个图书馆的界限,使每个图书馆在虚拟化的大环境下成为一个整体的图书馆。

数字图书馆是一门全新的科学

信息实体虚拟化

技术,是能为用户方便、快捷地提供信息的高水平服务机制,是一项全新的社会事业。

知识卡片

数字化

数字化是将许多复杂的信息转变为可以度量的数字、数据,再以这些数字、数据为基础建立起适当的数字化模型,把它们转变为一系列二进制代码,引入计算机内部,进行统一处理,这就是数字化的基本过程。

数字化

十一、氢的制取和利用

第2章 交通运输与电子通讯

自然界中有许多可作能源的资源，如氢气、台风、地震、雷电、降雨、火山熔岩、陆海微生物、绿色含油植物以及射束、金属、可燃冰等。诚然，对于很多资源，现在也只是理论上探索，什么时候和怎样才能真正把它们利用起来，现在还是个未知数。到目前为止，最有开发利用前景的当推能源领域里的新秀——氢。

电的使用已经相当广泛，但必须从发电厂生产出来再输配到用户。这在机动性很强的飞机和宇航中就无法直接作动力应用，它只能使用汽油或其他能源，而汽油要由化石燃料制取，而且化石燃料又不可再生，不断消耗终有一天会枯竭。因此，人们迫切需要找到一种不依赖化石燃料又

台风

储量丰富的能源代替日益枯竭的能源，因而氢气成为最佳的选择。

氢是最轻的元素气体，无色、无味、无毒、极易燃，燃烧值为 34000 卡/千克，是汽油热值的 3 倍。在供氧充足的条件下氢气能够实现完全燃烧，燃烧产物是水。而且氢气可从水中提取，燃烧后生成水汽又回到水中去，对生态环境不会产生什么影响。水在地球上大量存在，假如能从无穷无尽的海水中制取氢作能源，那人类就算有了永久性的能源库，也就不必担心能源紧缺了。

现在具体可操作的制氢方法很多，首先是采用一个合适的、低成本的制氢方法：

一是对化石燃料改性，即用煤使水还原和石油产品部分地氧化裂解制氢，不过这种方法消耗化石能源。

二是用电分解水制氢，虽然技术上可行，但以宝贵的电换取等热值的氢不能算是最佳方法。

三是用核电站的夜间剩余电能

氢气球

制氢，从蓄能调峰角度看是合理可行的。

四是从开采深层石油和天然气中的硫化氢制氢，还有采用等离子化学法制氢，其制氢功效比电解水制氢要高近 1 万倍。

五是日本发明的热化学制氢法，这种方法极有发展前途。

六是利用太阳能制氢，太阳能热

分解水、阳光电分解水、阳光催化光解水、太阳能生物制氢等，其开发利用前景也十分可观。

电能与氢能是优点最多又相互补充的一对能源，都有可能是未来能源领域里的佼佼者。电是高质过程性能源，适用于动力、热能、照明、通讯和自动控制等；氢是高能燃料能源，可用在动力和热能，尤其可以弥补电，但不能用于大型无轨运动装置上，如飞机、舰船、驱动火箭、宇宙飞船和航天飞机等，可以用在冶炼和日常生活上。非常重要的一点是，当氢代替煤炭和石油的用途时，只需对现有的技术设备稍加改造即可。氢气和液氢的贮运与天然气和汽油的贮运相类似。有专家称，通过管道将氢输送到 500 千米以外的费用比用电线输送电还要便宜 10 倍。以金属氢化物的形态加以储存氢是非常好的方法，使用时只需稍加变温就能释放出氢气，贮运、使用极为方便。

我们可以设想，今天道路旁一个一个的加油站将被太阳能加氢站所取代。因此，氢能将成为未来普遍利用的、优质的、清洁的理想新能源指日可待。

电解水生成过程

用电使化合物分解的过程就叫电解过程。水（H_2O）被电解生成电解水。电流通过水（H_2O）时，氢气在阴极形成，氧气则在阳极形成。

电解水设备

十二、全球个人通信

1990 年，美国摩托罗拉公司宣布将建造一个由人造卫星"星群"和用户便携式电话机组成的全球性个人通信系统。由于这个系统的核心是 77 个运行在低位轨道的小型人造卫星，而化学元素"铱"的原子核外围运转的电子恰好也是 77 个，基于这种奇妙的巧合，该公司风趣地把这一通信系统命名为"铱"。

担任铱系统主角的 77 个小型人造卫星，将被设计人员平均部署在七条环形轨道上，从而可使地球表面的任一地点均有连续的覆盖，构成了"天衣无缝"的空间通信交换网络。它能使人们在地球上的任何地方，都可以使用便携式移动无线电话，经过与卫星系统联网而相互进行联络。尤其令人赞颂的是，呼叫人无需知道对方在什么地方，仅需拨一下对方的号码，电话便可立即接通。其信息传输的过程是，电话信号首先传递给最近的小型人造卫星，在确认为合法用

有人造卫星"星群"

户之后，电话信号便在"星群"之间传递，最终被发回地球，传递给另一"铱"用户，即被呼叫的人。

与现有的地球同步卫星通信系统相比，"铱"系统具有得天独厚的显著优点：首先是"铱"卫星运行高度低，距地球表面仅 765 千米。这样，无线电信号往返传输时损耗小，使其能直接与地球上配备小型杆状天线的便携式移动电话联系；其次，"铱"卫星体积小、重量轻，加之又在低轨

全球卫星定位系统

道运行,因此,发射入轨容易,且经济可靠;另外,"铱"系统不依赖地面通信设施,这又比同步通信卫星系统高明一筹。因而,在人烟稀少、通信设施落后的地区,特别是通信设施遭受地震或龙卷风等严重自然灾害破坏的地区,它更能大显身手,发挥独特的作用。在未来的通信手段中,它将是受人欢迎的系统网络。

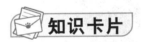 知识卡片

全球卫星定位系统

全球定位系统又称全球卫星定位系统,是一个中距离圆型轨道卫星导航系统。它可以为地球表面绝大部分地区(98%)提供准确的定位、测速和高精度的时间标准。

十三、射频通信技术

第**2**章
交通运输
与电子通讯

射频数据通信技术简称为 RF/DC 技术。它是一项可以用自动识别技术与电脑进行远距离实时通信的综合技术。RF/DC 技术提供了一种联机的实时运作而又不须使用传输线的能力。RF/DC 终端使用了无线电与数字电路技术,藉以提供自由漫游的终端操作者与电脑主机之间的相互通信。RF/DC 终端可以手持,也可以装在叉车或其他物资装卸设备上。

在货运装卸行业中,RF/DC 允许各种接收、发送和控制命令在电脑主机与终端发送者之间直接传送。操作人员在现场执行任务,相应的资料立即传给电脑主机进行数据登录、核实与更新。在零售行业中,RF 终端用于价格的核实、订单

卫星通信

的输入和库房提货。射频发送或多路传输通常采用轮询式、竞争式两种方式。

在轮询系统中，每个RF终端都按特定顺序被询问。轮询方式最适合于终端数量少而又业务繁忙的系统，例如零售价格的核实系统。这是因为轮询的系统开销在终端数量多的情况下，会使其速度减慢得很严重。在竞争系统中，每个终端在发送之前都发出请求信号，借以确认通道是否空闲；如果通道忙，则终端延迟一个随机毫秒后再试。竞争方式在多终端间歇发送时，其运行很成功。

目前，已有许多RF/DC产品的供货商将轮询方式和竞争方式结合起来，在其产品中使这两种方法集为一体，得到双方的优点。建立一个RF/DC系统的基础，是要选择好场地，确定基地站的位置和无线电波的干扰，使射频发散能够有保证地通过建筑物。有些RF/DC系统可以采用单一频率来操作所有的终端；有些RF/DC系统则要使用多种频率，也就是每个基地站使用一种频率。RF/DC系统所使用的频率必须经过有关管理部门的批准。

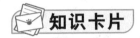

知识卡片

遥控

遥控是指一种远程控制技术，用来遥控机械的装置称为遥控器。现代的遥控器，主要是由集成电路电板和用来产生不同讯息的按钮所组成。遥控技术在工业生产、军事以及科研上均有着大量的应用。

遥控

十四、灵巧卡

第2章 交通运输与电子通讯

灵巧卡

灵巧卡是"卡氏家族"的一个新成员。灵巧卡是一种自动识别技术，它使用一个信用卡那样大小的塑料片，将一个或多个微集成电路芯片嵌入在卡片之中。严格地讲，灵巧卡应当是可以编程的，它含有一个微处理器芯片，并且可以携带一个大的数据库。但是，Smart 卡术语有时人们也用来表征只含有存储器的塑料卡，在这种情况下，这类集成电路只读存储卡或者 IC（集成电路）存储卡，便不具备编程能力，它只包含大量的数据，它们类似磁条卡，只不过是将数据隐存在 IC 内部而已，而且其数据存储量要比磁条卡的存储量大许多。人们使用的光卡，也是一种信用卡那样大小的塑料卡。光卡上的数据存储在大量的可以利用光学方法读取的轨迹中。光卡的数据存储方式类似于光盘，只不过数据不是存放在一系列圆形轨道中，而是存放在并列的轨道中。光卡可以在很小的空间内存储大批量的数据，但是这些数据一旦存储在光卡上就不易更新或改写。光卡有可改写光卡和不可改写光卡两种类别。不可改写的光卡称为 ROM 卡，即只读存储卡。可改写内容的光卡被称为 DRAW 卡。

同样，灵巧卡也有可改写与不可改写的两种类型。光学的 DRAW 卡和改写型 Smart 卡，都是可以添加信息而不能擦除信息。对于灵巧卡而言,人们一般假设它是可改写型卡。灵巧卡可以携带磁条或浮雕字符,包含一些灵巧卡存储器中的某些内容。这样,灵巧卡就可以和目前终端设备通用的塑料卡一样地使用。光卡使用了绝大部分的表面来存储数据,因此,光卡通常设有浮雕字符或附加磁条。目前,所有灵巧卡都含有存储器,大多数的 Smart 卡含有微处理器;不含有微处理器的 IC 卡,则其在功能上与光卡相类似。

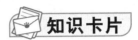
知识卡片

嵌入式系统

嵌入式系统是一种完全嵌入受控器件内部,为特定应用而设计的专用计算机系统。根据英国电器工程师协会的定义,嵌入式系统为控制、监视或辅助设备、机器或用于工厂运作的装置。与个人计算机这样的通用计算机系统不同,嵌入式系统通常执行的是带有特定要求的预先定义的任务。

IC 卡

第 **3** 章

家居生活与
医疗保健

◎ UOVO智能微波烹饪炉
◎ 电子菜牌
◎ 自热米饭
◎ 无尘衣
◎ 人体局域网
◎ 聪明药丸
◎ 神奇的电子鼻
◎ 电子防晕防吐仪
◎ 微循环显微镜
◎ 单克隆抗体的应用
◎ 干扰素
◎ 人造器官
◎ 电子计算机诊病
◎ 变色服
◎ 人体零件
◎ 日本造的英语

第**3**章 家居生活与医疗保健

一、UOVO 智能微波烹饪炉

精装厨房设计

一般人们认为传统意义上的厨房只是满足人们饮食要求的场所,而现代意义的厨房是体现主人家居品位和健康理念的新空间,是一个进行美好创意生活的小驿站。其中,橱柜、厨具、家电成为必不可少的用品。

厨具

如果说陶器出现是烹饪技术的第一次大飞跃,那么在中国两汉朝代以后,炒菜这门技艺正是中国烹饪史上的头等大事,同时也是对世界烹饪厨艺的重要贡献。

UOVO 智能微波烹饪炉

有文化艺术、人性科技的新产品不断涌现，并且随着时尚元素和高新技术的应用，对于美好生活的追求作为新的生活方式的体现，将成为家居产品未来发展的主流。

 **知识卡片**

煨

煨是烹调的一种手法，用文火慢慢煮食物，经过"煨"处理的菜肴，可以变得酥软，汤汁浓香，例如红枣煨羊肉。

全球首创的UOVO智能微波烹饪炉，颠覆了传统的创新设计理念，迅速带来了时尚家具厨具的新潮流。UOVO采用多级开门铰链系统，设置了45°、65°多种上开门角度，其中65°大角度上开构筑一个开放的超大空间"味来舱"。UOVO独创的味来舱以及天幕、乐光宝盒、一指馋、向上开启等创新设计，不仅从设计理念上得以升级，更是开创了一种向上、圆满、优质、开放的全新UOVO生活方式。

相信在不久的将来，将有更多富

山珍煨土鸡

二、电子菜牌

近几年来，世界范围内餐饮业快速发展，彰显出休闲、舒适、时尚、文化等行业特性，高品质的服务与多元的食品文化已经成为餐饮业持续良性发展的一股强大助推力。特别是电子数码产品与多媒体技术应用正逐步渗透到人们的日常生活当中，时尚与便捷的餐饮服务是企业实现差异化竞争优势的必要手段。

2010 年以后，中国餐饮电子菜牌应用作为餐厅时尚、便捷、前卫的招牌概念，不仅让顾客在用餐过程中

各种电子产品

电子点菜牌

纸质菜牌,在编辑菜品和更新菜牌方面的工作都可以在后台进行操作。其次,电子菜牌还有效节省餐饮业的劳动力成本,电子菜牌漂亮、灵活的操作界面可以向用餐顾客详细展示每道菜的具体信息,顾客从查看菜品、点菜、送单完成能够自助完成,这使得餐馆不需要再配备众多的服务人员进行人工服务,还避免了人为因素导致的服务差、效率低,提高了用餐流程的整体质量,使顾客真正享受到了随心随性。

体验到舒适的享受,更让顾客感受到高科技餐饮技术的快捷、方便。这种技术的应用使越来越多的顾客逐渐改变了传统点菜的行为方式。其优点首先是电子菜牌完全代替传统的

最后,现在市场上的电子点菜系

餐厅一角

统技术应用日趋广泛,基本都能实现从前台顾客点单、送单到厨房、收银缴费,大部分产品能够实现后台直接更改菜单,操作界面也很精致美观。

当下的餐饮行业种类繁杂,所以电子点菜牌的发展空间也非常广阔。餐饮行业大致可以分为以下几类:

多功能餐厅,餐厅中面积最大,设备设施最齐全的大型厅堂。既可作大型餐宴、酒宴、茶会的餐饮美食场所,又可用作大型国际会议、大型展销会、节日活动的场所。

宴会厅,供中餐宴会、西餐宴会用厅。

风味餐厅,为客人提供不同的特色菜肴、海鲜、烧烤及火锅等的餐厅。

风味小吃餐厅,提供各地糕点、小吃等风味食品为主的餐厅。

零点(散餐)餐厅,为散客提供适合个人口味、随意性点菜或小吃的餐厅。

歌舞餐厅,既供应中西餐、酒水、小食,又提供音乐欣赏、伴唱、跳舞活动的场所。

中餐厅,以提供中式菜为主的餐厅。

西餐厅,以供应美式、法式或俄式餐为主的餐厅。

日本料理,以提供日本菜为主的餐厅。

扒房,为高消费水准的客人提供扒烤类食品和名酒的餐厅。

自助餐厅,食品分类放置,客人凭券入厅后可自由选食;也有客人入厅后自由选食,然后按价付款的自助餐厅。食品不得带出餐厅。

快餐厅,多采用柜台服务型,主要提供快速食品、饮料。

咖啡厅,以供应饮料、咖啡为主,兼供小吃及西餐、快餐的餐厅。另外还有花园餐厅、旋转餐厅和团体餐厅等。

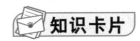 知识卡片

团购

团购是一种基于网络的商业模式,透过团购网站集合足够人数,便可以优惠价格购买或使用第三方公司的物品、优惠券或服务,卖家薄利多销,买家得到优惠,节省金钱,而运行团购网站的公司则从卖方收取佣金。

三、自热米饭

现如今在中国许多城市中,无论是商业街、电影院、大型商场、写字楼,还是社区,都可以见到一种全新方便食品,这就是自热米饭。自2010年上市以来,自热米饭具备的特点受到大众的喜爱。

自热米饭是用优质大米为原料,配上精致肉类、新鲜蔬菜的方便食品,在食用时只需要轻轻一拉,8分钟后就可以自己加热,非常方便且很好地保留了家煮米饭浓郁的香味。这是依托了自热食品的新产品新技术。

自热米饭套餐由饭盒、菜包、发热包与发热水包、包装盒组成,包装盒特选用环保耐高温材料制成,发热包与水反应后能在3～5秒钟内即刻升温,温度高达150多摄氏度,最长保温时间可达3小时,最大限度地保证米饭的口味纯正,新技术有效保证了产品质量。

其实,在食品行业飞速发展的今天,方便食品的种类也越来越多,大致可分为五种:

即食食品,各种糕点、面包、馒头、油饼、麻花、汤圆、饺子、馄饨等,这类食品通常买来后就可食用。

速冻食品,把各种食物事先烹调好,然后放入容器中迅速冷冻,稍经

优质大米

自热米饭

速冻食品

加热后就可食用。

　　干的或粉状方便食品,这些食品像方便面、方便米粉、方便米饭、方便饮料或调料、速溶奶粉等,通过加水泡或开水冲调也可立即食用。

　　罐头食品,即指用薄膜代替金属及玻璃瓶装的一种罐头。这种食品较好地保持了食品的原有风味,体积小,重量轻,卫生方便,只是价格稍高。

　　方便菜肴,是指将中式菜品经过工艺改进批量生产,之后定量包装、速冻的方便菜品,水浴加热开袋即食。

它继承了传统烹饪工艺的色香味,满足了快节奏生活对美味的需求。

知识卡片

干燥剂

　　干燥剂指能除去潮湿物质中水分的物质。常分为两类:化学干燥剂,如硫酸钙、氯化钙等,通过与水结合生成水合物进行干燥;物理干燥剂,如硅胶、活性氧化铝等,通过物理吸附水进行干燥。

四、无尘衣

第**3**章
家居生活
与医疗保健

无处不在的尘埃

假如衣服不吸尘土、不易弄脏，人们将减少多少洗衣服劳动啊！在一些特殊行业，产品的生产工作人员也不会因衣服有尘土、有脏污，产生静电而使产品质量下降或报废，或者会因静电火花而引发爆炸。为此，科学家们正在研制一种无尘衣，这种无尘衣不但不会沾染灰尘，还具有杀菌、防爆的性能。

早在 10 年前，德国人制成涂有镍、铜、金等金属类薄膜的布料，这层不到 1 微米厚的薄膜，便是无尘衣的奥秘所在。用带有金属薄膜制成的无尘衣，除重量稍有增加外，其外观、软度、强度、抗皱性能等几乎与普通织物无差别。另外，中国也研制出了在纤维之中嵌入金属的导电涤纶，用来制作抗静电的无尘衣。更先进的无尘衣，是先经过污性处理的材料制成的。这里所谓的污性处理，是使织物先吸饱与织物同色的人造污粒，这样无尘衣就不会再有余地沾污。

为何特殊行业的产品生产需要这种无尘衣呢？普通衣物在特殊行业中肯定是不能穿来工作的。除了皮肤的排泄物与接触脏物、液体外，空气中漂浮的灰尘是污物的主要来源。空气中夹杂着很多悬浮的尘埃、微粒，普通衣物很容易沾上。而且，由合成纤维制成的衣服受到摩擦后极易起静电，非常容易与空气中带负性静电的灰尘相互吸引，且吸尘能力是棉、毛织物的六七倍。

当下普遍去除污渍的办法是利用肥皂或洗衣粉的化学作用拆开相互吸附的脏污，也可以在合成纤维中加入一定比例的不易带静电的棉、毛、粘胶，来降低静电吸尘。

目前，日本已经研究出一种油水不沾的灯芯绒，水滴、果汁、酱油、油漆等都丝毫不能沾污。这种无尘衣虽经多次清洗，其功能仍不减。设想如果以后每人都可以穿上这种无尘衣，定会大有益处。

纤维衣物

其实不光那些悬浮在空气中的灰尘会对衣服造成污染,空气中同样存在着有害物质,对衣服和人都会有伤害,比如:

粉尘类,如炭粒;金属尘类,如铁、铝;湿雾类,如油雾、酸雾等;有害气体类,如一氧化碳、硫化氢、氮的氧化物等。

从整个世界的排放来看,排放量较多、危害较大的气体是二氧化硫和一氧化碳。二氧化硫由煤、石油在燃烧中产生。一氧化碳主要为汽车开动时排出的尾气。

知识卡片

粉尘

粉尘是大气中一种固态悬浮物,常态存在于空气之中,易伴随风的吹拂而四散至各处,包括家中的每一个角落。其粒径大小有所差异,不一定能以肉眼见到。

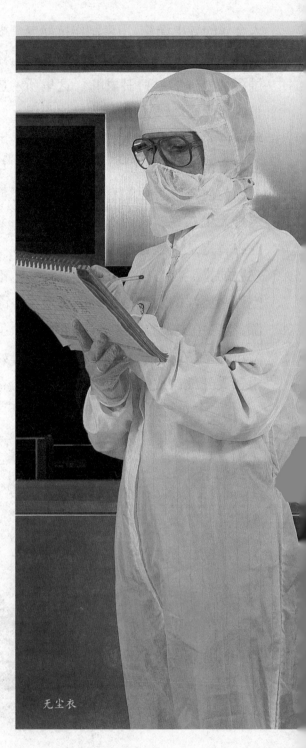

无尘衣

五、人体局域网

第3章 家居生活与医疗保健

如果衣服口袋里的手机贴着皮肤发出一个微弱的感应电流，手就会神奇般的变成一把全能钥匙。当摸到汽车时，这把全能钥匙就会自动打开车门；当握住鼠标时，个人电脑就会自动开启。

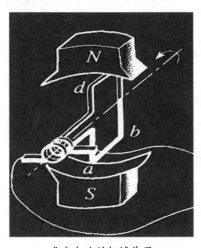

感应电流的机械作用

目前一家德国公司正在通过智能手机终端来实现人体局域网这一令人惊叹的新技术。当然，这些设想的实现需要与BAN计划相配套的设备，相应的智能手机还正在研发当中。

BAN是以人体周围的设备如随身携带的手表、传感器以及手机等为对象的无线通信专用系统。现在，BAN所使用的频带尚不确定，但400兆赫兹频带以及600兆赫兹频带已被列入议程。有些专业人士认为，人体局域网技术将在医疗中得到广泛推广。近几年，伴随微电子技术的持续发展，可穿戴、可植入、可侵入的服务对人的健康监护设备已经出现，例如穿戴于指尖的血氧传感器、腕表型血糖传感器、腕表型睡眠品质测量器、睡眠生理检查器、可植入型身份识别组件等。如果没有BAN设备，这些传感器和促动器则都只能独立工作，要自带各自的通信部件，这样会导致不能有效地调动资源设备。

医疗设备的分类

人体局域网在医疗领域的开发极有前景，而目前广泛使用的医疗器械还不能达到人体局域网那种理想

先进的医疗设备

效果。现在为病人诊断的医疗设备可分为八类：X 射线诊断设备、超声诊断设备、功能检查设备、内窥镜检查设备、核医学设备、实验诊断设备及病理诊断设备。

治疗设备类可分为很多：病房护理设备，病床、推车、氧气瓶、洗胃机、无针注射器等；手术设备，手术床、照明设备、手术器械和各种台、架、凳、柜，还包括显微外科设备；放射治疗设备，接触治疗机、浅层治疗机、深度治疗机、加速器、60 钴治疗机、镭或 137 铯腔内治疗及后装装置治疗等；其它治疗设备，高压氧舱、眼科用高频电铬器、电磁吸铁器、玻璃体切割器、血液成人分离器等。

辅助设备类可分为如下几类：消毒灭菌设备、制冷设备、中心吸引及供氧系统、空调设备、制药机械设备、血库设备、医用数据处理设备、医用录像摄影设备等医疗设备。

 知识卡片

血糖

血糖是指血液中的葡萄糖。消化后的葡萄糖由小肠进入血液，并被运输到机体中的各个细胞，是细胞的主要能量来源。

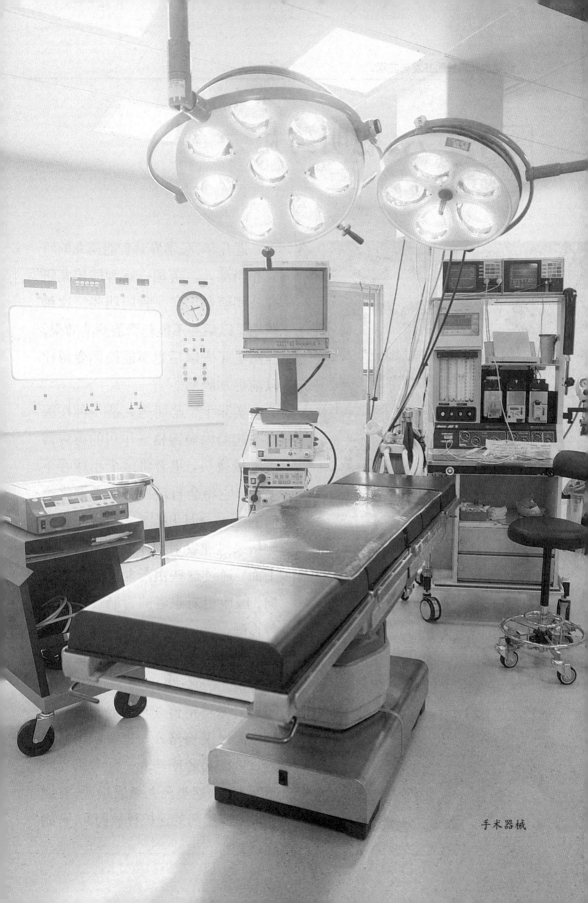

手术器械

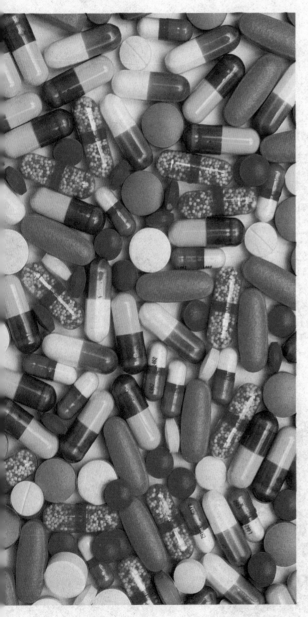

第3章 家居生活与医疗保健

六、聪明药丸

　　近几年,医学界对智能药丸的研究相当深入。美国一家智能药丸研究公司研制出了一种聪明药。这种药吃了以后并不能起到治病的效果,当然吃了它以后也不能使你变得比以前更加聪明。

　　实际上,聪明药丸是一种在医疗上起着内窥镜检查作用的感应器或者摄像头,患者将这个小球吞下去后,它将会自动探测患者消化道内的压力、pH 和温度等指标,把探测结果迅速发射到体外的接收仪器上面,通过这些由药丸反映出的数据,医生可对患者的胃肠性疾病进行诊断。

　　聪明药丸的使用可以检查到一些胃镜无法到达的位置,同时也减轻了患者做胃镜检查时的痛苦。以色列格温·艾梅格公司也研制出了胶囊式内窥镜聪明药丸。随着研究的不断深入,这类药丸频繁出现,有能完成定点给药的遥控释放药丸,有能

智能药丸

在消化道内采样的药丸,韩国研制的药丸式机器人能在体外遥控下完成药物释放、图像采集和手术治疗等多种任务。

对研制胶囊式内窥镜的想法最早产生于 1981 年,由以色列一名导弹专家根据智能导弹上的遥控摄像装置技术研制而成。有专业人士认为,聪明药丸在医疗界有着非常广泛的应用前景。

 知识卡片

中成药

中成药,以中草药为原料,经制剂加工制成各种不同剂型的中药制品,包括丸、散、膏、丹各种剂型,是我国历代医药学家

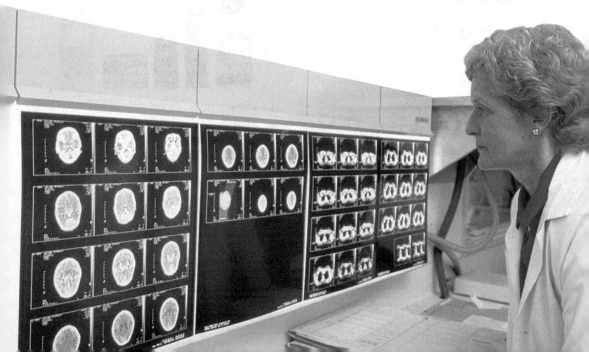

患者图像采集

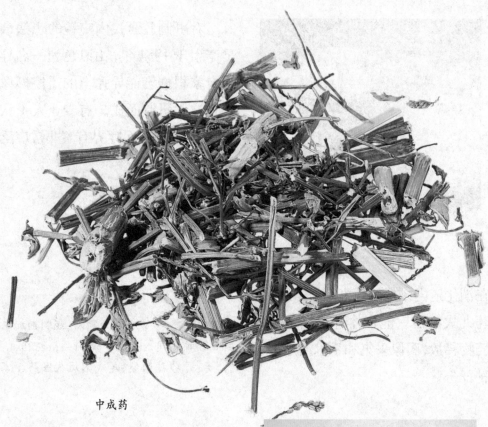

中成药

经过千百年医疗实践创造、总结的有效方剂的精华。

西药

西药,西医用的药物,一般用化学合成方法制成或从天然产物提制而成,包括阿司匹林、青霉素、止痛片等。西药包括有机化学药品,无机化学药品和生物制品。看其说明书则有化学名、结构式,剂量上比中药精确,通常以毫克计。

西药

七、神奇的电子鼻

测试疾病的电子鼻

糖尿病患者的气息发出甜味，古代的行医人员没有现代高度发达的技术，他们通常靠嗅觉诊断疾病。现在，科技正在使这项古老医术的手法变得不再那么神秘。医疗领域的科研人员正在开发一种能够测试疾病的电子鼻，为不断寻求微创技术的医学开拓出一个崭新的领域。

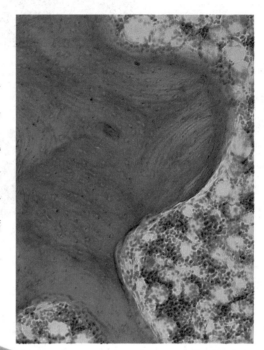

细菌

与有机生命体类似，细菌散发出独特的气体混合物，可以通过气味来诊断细菌感染。而非细菌性疾病（如糖尿病）可以促成改变病人身体气味的生物化学变化。对于人类来说，很多这样的气味难以被普通人察觉。

电子鼻

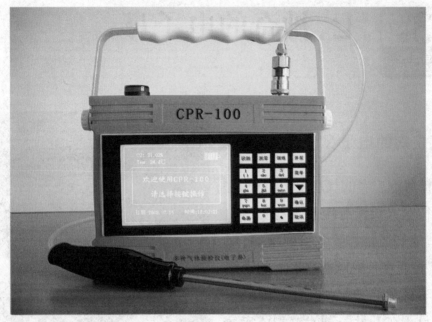

应急多气体检测电子鼻

正在开发当中的电子鼻技术可以辨别出病人气味中的细小差别。这类电子鼻内部由一排嗅觉传感器组成，当接触到不同气味时，传感器便会被激活，其中的软件通过分析这些模式来识别每一种气味及其来源。而这种分析识别的过程正与医生的人脑判断相类似。

电子鼻起初是用于其他领域的，例如嗅出泄露的化学物质或者探测食物的腐败情况。然而，后来随着研究的深入，这项技术逐渐被应用到疾病诊断上。克里夫兰临床研究中心

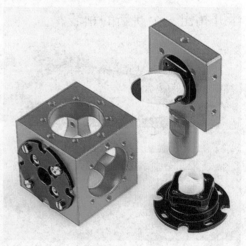

电子鼻传感器蒸发仪

的肺病专家瑟皮尔·厄祖鲁姆曾利用电子鼻帮助诊断肺癌。在研究中他特别提出，呼气时会产生各种各样

的挥发性有机化合物,这些化合物是新陈代谢造成的。而癌症患者的新陈代谢会发生变化,呼出气体中的挥发性有机化合物也会随之变化,利用电子鼻可以探测到这些细微的变化。

电子鼻不仅会分析呼出的气息,还可以嗅出尿液、血液以及其他体液中遭受感染的情况。

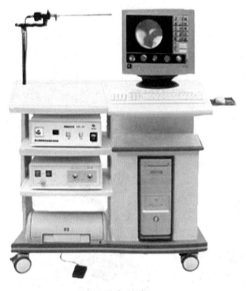

医用电子鼻

比起其他诊断和检测,电子鼻具有快捷、便宜、创伤微小的特点。科学家对电子鼻进行了测试,他们认为在不久的将来电子鼻将会做到:流鼻涕的病人去看医生,将气息呼进电子鼻后,不出几分钟就可以断定该病人

是否存在鼻窦感染,是否需要使用抗生素。然而,波士顿塔夫茨大学的化学家大卫·沃尔特也曾指出,电子鼻要想将诊断疾病的梦想变成现实,仍然任重而道远。依照现在的技术水平还不能完全相信,在医生办公室放一台投入运行的电子鼻,它能够始终如一地做着诊断工作。

美国食品及药物管理局已经审批通过了一种检测尿路感染的电子鼻,至于用于气息分析的电子鼻或其他医用电子鼻,尚待获批。

反恐电子鼻

反恐电子鼻是在美国田纳西州橡树岭国家实验室研制成功的一种能有效探测恐怖分子偷偷安放爆炸性危险物品的装置。它能够在大约20秒内迅速确定探测目标内是否有炸弹或者炸药。

这种新研制出的反恐电子鼻内部装有一个长为180微米、宽为25微米的V字形超微硅悬臂。科学家们在上面镀上一层黄金,黄金镀层的表面被添加了一层薄薄的酸,使它能够极其敏感地嗅到组成炸药的两种典型的化学物质：大安和黑索今。一旦大安和黑索金分子与这种酸发生化学反应，就会引起超微硅悬臂的弯曲。然后根据其弯曲度，可推算出推测目标内是否有炸药以及有多少炸药。用反恐电子鼻来探测塑料炸弹，其灵敏度比其他探测技术高出1000多倍。

另外，美国科学家们还研制成功了一种新型的"手提式电子鼻"，用来收集被恐怖分子杀害者的相关资料。电子鼻中的微型电脑贮存了大量警犬气味数据。由于警犬通常是根据这些气味找到尸体的，只要用电子鼻扫过尸身，即可得知受害者的死亡时间。

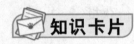 **知识卡片**

狗的嗅觉

狗鼻子大约能分辨200万种不同的气味，而且它还具有高度分析的能力，能够从许多混杂在一起的气味中，嗅出它所要寻找的那种气味。

各种动物鼻子构造大致相同，鼻腔上部有许多褶皱，褶皱上有一层粘液膜，粘膜里藏着许多嗅觉细胞，当粘膜上分泌出来的粘液经常润湿着这些嗅觉细胞时，就会使具有气味的物质分子溶解在粘液里，并刺激嗅觉细胞，嗅觉细胞马上向大脑嗅觉中枢发出信号，于是就有"味"的感觉了。狗鼻子的嗅觉细胞特别多，连鼻子那个光秃无毛的部分，上边也有许多突起，并有粘膜组织，能经常分泌粘液润湿着嗅觉细胞，可以保持高度灵敏。狗的嗅觉细胞的数量和质量都比其它动物胜过一筹，所以对各种气味辨别的本领也比其它动物高多了。

狗鼻子有高度分析的能力

八、电子防晕防吐仪

最近，一种佩戴于腕部的外观类似手表的电子防晕防吐仪被成功研制出来，它是一款结合了中西医的治病理论，利用现代最新电子科学技术研制出来的新产品。其工作原理是通过和手腕内侧接触的两块金属片周期性地释放弱电，减轻与呕吐相关的胃部异常蠕动，有效地减轻恶心和呕吐。

这种电子防晕防吐仪不含任何药物，对饮食及药物无限制，在佩戴的时候一般对日常工作和驾驶交通工具不会有影响。而且该产品内置的锂电池，具有很长的使用时间和使用寿命，可充电250次，每次可以使用200小时左右。电子防晕防吐仪采用手表式设计，在户外出行时随身携带。电子防晕防吐仪一经启动，

1~3分钟之内发挥作用，可以非常有效地控制因晕车、晕机、晕船等引起的身体不适。同时，产品采用一键式开关，操作方便，用户可以依据自

法罗氏电子防晕防吐仪

身舒适度情况自由控制使用时间和强度。

电子防晕防吐仪中内嵌了一种可以模拟人体电生理信号的反应与控制的系统。而当用户开启佩带在手腕上的仪器后,控制系统通过和手腕内侧皮肤接触的两片电极板周期性释放弱电,模拟生理电波的强度和频率。这些模拟电生理信号通过正中神经被传导至大脑神经中枢,阻滞"大脑－胃"的呕吐反射途径,减轻与呕吐相关的胃部异常蠕动,使恶心和呕吐的现象减轻或者停止。

产品控制模块具有高安全性的输出电压超限保护。无论任何原因导致脉冲电信号超出设计限定的幅度,保护装置将立即启动强行关闭输出,避免对人体产生过量刺激。产品添加防水处理,有效提高产品的使用寿命。

知识卡片

晕动病

晕动病或运动病,生活中通常被称为晕车和晕船,是一种平衡失调的疾病。当人眼所见到的运动与前庭系统感觉到的运动不相符时,就会有眩晕、恶心、食欲减退等症状出现。严重者会呕吐。

九、微循环显微镜

在高科技发展的今天,医学临床微循环诊断得到了飞速发展,微循环医学事业的发展,离不开微循环显微镜,它为开拓医学微观世界提供最新的科学手段。多部位微循环显微镜,是由微循环显微镜、双光纤特种冷光源、电子闪光摄影、微光摄像、电动升降工作台和微循环微机图像处理多参数测量仪组成。

电动升降工作台可取坐位、卧位使用,特殊的双光束冷光源、亮度、色温、入射波长可调节,仪器的闪光装置可瞬间摄影,并配有专用摄像机,可进行显微摄像和录像,还可配置微循环微机图像处理系统和多参数测量系统。它可以实现微循环血流速度、动态血管直径、灌流量和血管密度、长度、纵断面积、自律运动等参数的自动测量。广泛应用于临床对人体多种疾病进行微循环障碍的检查,特别适用于早期诊断和预报脑溢血、中风、脑血栓、心肌梗塞,肺心病、肝炎、急性肾炎等疾病和危重病人的监视,判断治疗效果,指导病危情况的

微循环显微镜

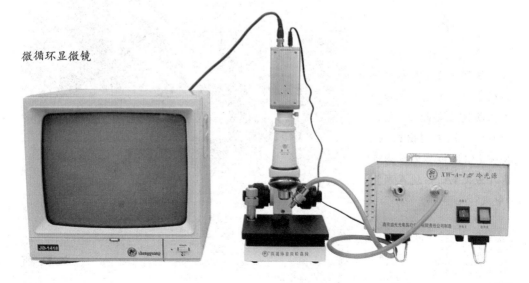

急救处理。

WX-6 型多部位微循环显微镜是中国自行研究制造的,功能全、分辨率和灵敏度高、观察视野清晰、显微工作距离长,在光学、电子、机械、微机图像处理和多参数测量方面都达到国际先进水平,对中国微循环医学事业的发展起到了积极的推动作用。

知识卡片

中风

中风是由于脑部供血液受阻而迅速发展的脑功能损失。这可因血栓或栓塞所造成的缺血(缺乏血液供应),或因出血。在过去,中风被称为脑血管意外或 CVA,但现在通用"中风"。

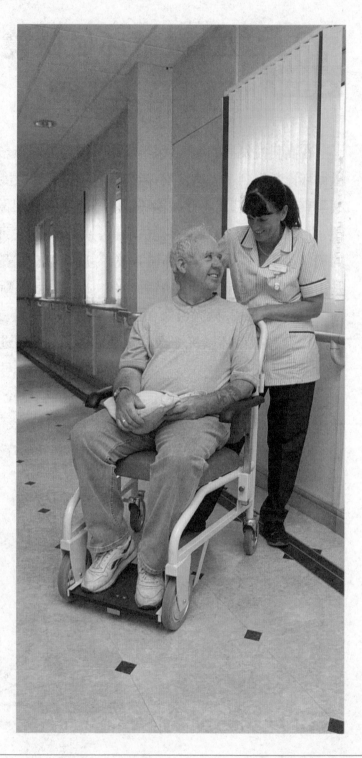

十、单克隆抗体的应用

众所周知,癌瘤患者体内运转着大量迅速增殖的癌细胞。如何清除这些对人体具极大威胁力的细胞成为医学界的一大难题。为此,科学家们经过不断探索想出了一种巧妙办法,就是用单克隆抗体作为载体,携带抗癌药物或放射性同位素,形成一种"导弹",运至癌细胞处将癌细胞杀死,而对健康细胞却无任何伤害,这就是医学工程的杰作——导弹疗法。

70 年代,英国科学家用人体淋巴细胞和肿瘤细胞制备了单克隆抗体。"克隆"的原意是无性繁殖,如在植物繁殖时将同一植株多代的进行插条,形成一个无性繁殖的体系,即"克隆"。同样的原理,将一个细胞分离出来进行培养,不断分裂成许多细胞,构成了一个无性繁殖的体系,再

单体克隆技术

将这些细胞的 DNA 片段分离出来，通过载体转入到一个细菌内不断增殖，这段基因的分子大量复制成新的相同基因的分子，它们的 DNA 分子都是来源于同一个片段的 DNA 分子。这也是一个无性繁殖系，这是一个纯系的"克隆"过程。

那么什么是抗体呢？抗体是人体免疫 B 细胞的产物，B 细胞能分化出许多浆细胞来，而这些浆细胞可以产生无数的杀伤癌变细胞的特异细胞抗体，这些抗体都来自 B 细胞抗体总和。即由一个 B 细胞衍生的所有浆细胞只受一个抗原的刺激，然后，产生针对抗原的抗体。由一个克隆产生的抗体叫做单克隆抗体。科学家们将被免疫的小鼠 B 细胞，与小鼠的骨髓瘤细胞融合成为杂交瘤细胞的纯系，它既能像 B 细胞那样产生并分泌特异抗体，又能像骨髓瘤细胞那样无限繁殖，这种纯系产生的抗体叫作单克隆抗体。因为单克隆抗体能够对抗某一抗原，特异性强，它已被广泛地用在诊断和治疗癌症和其他疑难病症。利用单克隆抗体作为载体携带抗癌药物或放射性同位素直接杀死癌细胞的"导弹疗法"，正应用在临床治疗癌症和其他疑难病症，已取得了抗癌的良好疗效。

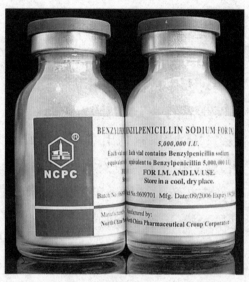

青霉素

 知识卡片

青霉素

青霉素是抗菌素的一种，是指从青霉菌培养液中提制的分子中含有青霉烷、能破坏细菌的细胞壁并在细菌细胞的繁殖期起杀菌作用的一类抗生素，是第一种能够治疗人类疾病的抗生素。青霉素类抗生素是β-内酰胺类中一大类抗生素的总称。

十一、干扰素

这些年来，人们谈癌色变，将癌症视为不治之症。现在科学家们在研究攻克癌症的重要手段就是采用生物工程生产那些抗癌的有效药物。在可以增加人体免疫力的抗毒性蛋白中，希望很大的就是干扰素，被称为癌症的克星。

干扰素是50年代由英国科学家首先发现的，它有αβγ三种类型，分别由白血细胞、成纤维细胞和T淋巴细胞产生。干扰素对癌细胞的作用，不是直接杀死它，而是抑制它的增殖，使人体增强免疫力，保护健康细胞不受病毒的侵害，具有抗病毒和抗癌的作用。干扰素被发现之后，开始时的生产方法由白血细胞来提取，产量极低，从45000升的血液中只可获得0.4克的干扰素，而用它来治疗癌症的患者，每一个疗程就必须有270人的血液培养才能提取出足够用的干扰素，可见使用这种方法获得干扰素的难度。直到70年代末，全世界才仅有干扰素1克。这种情况迫使科学家们不得不寻找别的途径生产干扰素，不然这种药物难以广泛地应用到临床上。

20世纪70年代生物工程发展之后，科学家们才有了真正解决这个生产难题的办法。几乎同时，日本、美国、瑞士等国的科学家利用基因工程，将控制产生干扰素的基因插入大肠杆菌的DNA分子中，生产出细菌干扰素。大肠杆菌生产干扰素的特

干扰素的研发

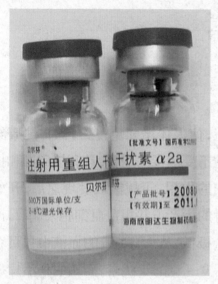

青霉素

通过利用遗传工程,先培育一种能高速繁殖具有产生干扰素能力的病毒,然后再将这种病毒感染某种昆虫,使它在昆虫的细胞里繁殖,从而获得更大量的干扰素。目前,干扰素已进入市场,广泛应用于临床,在抗癌和抑癌方面显示出巨大威力,成为癌症的克星。

知识卡片

点是生产周期短、收率高、方法简便、价格低廉,80年代,干扰素的生产有了迅猛的发展,在医药市场上也成了抑癌抗癌的明星药物。

中国在1982年成功将人白血细胞的干扰素基因移植到大肠杆菌,时间比日本的细菌干扰素晚了2年。细菌干扰素提取成功,在日本曾引起轰动,日本报刊将这一成功新闻列入80年代科技十大新闻之一。1984年中国将细菌干扰素用于临床实验成功,干扰素作为一种抗癌、抑癌有效新药已进入医药市场。为了制造更有效和廉价的干扰素,各国科学家仍在不懈地进行探索。美国的科学家

癌细胞

癌细胞由"叛变"的正常细胞衍生而来,经过很多年才长成肿瘤。"叛变"细胞脱离正轨,自行设定增殖速度,累积到10亿个以上我们才会察觉。癌细胞的增殖速度用倍增时间计算,1个变2个,2个变4个,以此类推。

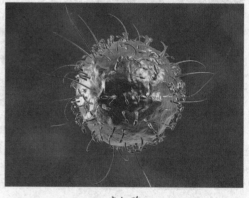

癌细胞

十二、人造器官

科学技术发达的英国正在试验一个"盲人电子眼"计划，即通过独立的电视网络把每天的播报内容向全国广播。盲人即可在家中利用个人电脑中的译码器卡接收，再通过语言合成器，或盲人凸字打印机，或是先进的在线式盲人凸字显示器读报了。这个计划的优点是，它可以让盲人以普通读者读报的方式去获取信息，可阅读标题，然后选择感兴趣的内容，并能重复阅读。其次，它可以让又聋又哑的人利用盲人凸字显示器或打印机，像正常人那样通过电脑屏幕获得信息。

这件事情从侧面说明了社会利用先进技术，为残疾人提供更多的关心和爱护。那在高科技发展的今天，人造器官又发展得怎样呢？人造器官在20世纪70年代兴起，当电子计算机进入这个领域后，人造器官便进入了一个新阶段。现在已经研制成功的有心脏起搏器、人工肾及正在试

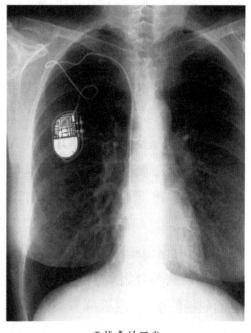

干扰素的研发

验中的人工心脏、人工肺、人工肝等。

人工心脏植入人体的成功是经过长期艰苦的努力才得到的。主要用于心脏颤动、心搏无力、血压下降、脉搏减少的心脏病人。它分左右两个人工心室，由铝和聚胺酯树脂制成，担负着推动血液循环的任务，把血液用强大的推力压入主动脉，然后接受来自静脉的乏氧血。在压缩空

气的控制下,这种人工心脏像肌肉心脏一样有节律地跳动。压缩空气的压力和速率是由一台电子计算机监控的。1982 年 12 月美国犹他大学的医疗中心,就为 61 岁的牙科医师克拉克,植入了"人工心脏",挽救了他垂危的生命。

电子计算机在人工器官上应用得比较成功的要算是人工胰脏、人工肾(血液透析)及人工眼等方面。人工胰脏看起来像台机器,主要用于糖尿病人的昏迷,酮中毒的急救治疗,由于是床边型人工胰,多为短期应用。它是由葡萄糖传感器、控制系统和注入泵三部分组成。它可根据血中葡萄糖的水平,用机械方法,适时、适量地将外源性胰岛素注入病人体内。人工肺则是由 3 万根非常细的聚丙烯纤维管组成,管上布满了精细的小孔,孔上有一层薄膜,把血液和气体分开,但可以让氧和二氧化碳自由出入,就像毛细血管壁一样。

人工肾是人造器官中较早的一种,有腹膜透析和血液透析几种。有模拟肾小球作用,通过高性能的过滤膜把血液中的水和代谢废物过滤排除。一种是让血液通过体外的活性碳装置吸附有毒物质,还有一种是将毒物和废物从血浆中分离出来,使血液净化。现在已研制出了由微处理器控制的小型便携式人工肾。

众所周知,糖尿病患者就是由于肾脏和胰岛器官的直接影响而导致的。而现如今胰岛素的来源分类有:

动物胰岛素

从猪和牛的胰腺中提取,两者药效相同,但与人胰岛素相比,猪胰岛

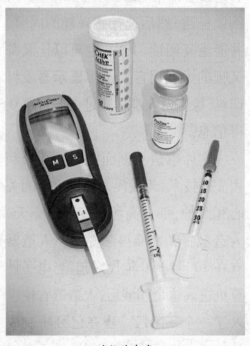

动物胰岛素

素中有 1 个氨基酸不同，牛胰岛素中有 3 个氨基酸不同，因而易产生抗体。

半合成人胰岛素

将猪胰岛素第 30 位丙氨酸，置换成与人胰岛素相同的苏氨酸，即为半合成人胰岛素。

半合成人胰岛素

生物合成人胰岛素

利用生物工程技术，获得的高纯度的生物合成人胰岛素，其氨基酸排列顺序及生物活性与人体本身的胰岛素完全相同。目前，大部分人造器官的外形与真正的器官还有很大区别，而且多为体外使用。随着科学技术的不断发展，人造器官会做得像人体器官一样，植入人体，为人们的健康生存做贡献。

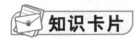

知识卡片

胰岛素

胰岛素是一种蛋白质激素，由胰脏内的胰岛β细胞分泌。胰岛素参与调节糖代谢，控制血糖平衡，可用于治疗糖尿病。其分子量为 5808 道尔顿。

生物合成人胰岛素

第3章

家居生活与医疗保健

十三、电子计算机诊病

时下,在一些医院里有不穿白大褂、不戴口罩的"医生"。它诊断准确,速度快,昼夜值班,不知疲劳。它就是"计算机医生"。电子计算机当"医生",这是人工智能的一个方面。电子计算机处理信息(信号)快,效率高,灵活性(理解能力和思维能力)强,因此具备了当"医生"的能力。

著名医生的知识和经验是非常宝贵的,我们把这些知识和经验总结起来,形成规律,并以适当的形式输入计算机,建立知识库。然后建立合理的控制程序,按输入的病人各种身体检查数据,选择合适的规则,进行推理、判断和决定。这一套计算机的工作程序就是"医疗专家系统软件"。在它的控制下,电子计算机就能成为称职的医生了。它能同时诊断几名病人,迅速而准确地判断病情,对症下药。

我国在"中医诊断专家系统"方面开展的研究工作已取得了成功。例如,20世纪80年代出现的北京中

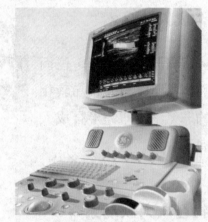

计算机医生

医院"关幼波肝病电脑诊疗系统",模拟著名老中医关幼波大夫对肝病诊疗的程序,按照他的思维方法,根据患者的病症不同,在2000多种症状与化验指标和170种药物的基础上,让计算机从成千上万个实用处方中选出合适的处方。它还同时编写病历卡,计算药价,从数据输入到诊断结束只需十几秒钟,又快又准,成为治疗肝病的重要科研仪器,真可谓神医妙算。

计算机不但可以诊病开药方,而且还可以按方配药。病人到医院看

电子计算机诊病

病，最费时间的就是到药房取药，如果是取中草药那就更要耐心等待了。首先计价处的会计要把成千上万种中药的单价背得滚瓜烂熟，才能很快地把每味药的金额一一算出来，最后算出每张药方的总金额。把计价交费后的药方交给药房后，司药员要一边看药方，一边把每一味药从盛药的小抽屉里取出来称好，再把药分成规定的剂数装成包。一个大的医院每天看病求医的人来往不断，如果一张中药处方用十几分钟，那可想而知司药的工作量有多繁重，病人又要花多少时间来等待。

现在全国已有不少城市的医院中药房中，安装了中药配方机。司药员只要送进药方，机器就能自动计算药费、自动取药并把药方自动打印出来，每台机器在 8 小时内可以配出 400 ～ 600 张药方的中药。

这台中药配方机，由电脑、打印机、药方显示屏、天平和自动落药台等组成，是由电脑控制的机电一体化设备。在实现自动控制的过程中，各种信息要靠传感器接收后送到电脑中去。在配方机的天平上装有光电传感器，它能把光信号变为电信号，作为电脑的眼睛，严密监视秤杆的倾斜程度，不断为电脑提供天平是否达到平衡状态的信息。一旦达到平衡，称好一味药，电脑就决定转入下一个步骤。所以当司药员把药方上各味中药的名称和数量输入电脑，电脑就会自动计算出药费，并发出指令，控制天平，自动称药取药，最后由落药簸箕把药滑进药斗里去。在输入一张药方的同时，为前一张药方配药的工作仍在进行，互不干扰。表面看来，配方的各道手续是在同时完成的，其实，电脑所做的工作，是按照步骤一件一件完成的，也就是在人们预先编好的程序控制下一道一道地依次完成。因此，它的效率和自动化程度，远远胜过人工配药。

 知识卡片

望闻问切

望闻问切是中医用语。望，指观察病人的气色；闻，指听病人的声息；问，指询问病人的症状；切，指摸病人的脉象，合称四诊。

十四、变色服

第**3**章
家居生活
与医疗保健

人们都知道,随着季节的变化,有些动物的皮毛颜色也会变化,以适应生存环境。这种变化,是大自然赋予动物的优越性能,它给动物生存提供了方便。大自然没有给予人类这种优越条件,但它却给予人类聪明才智。人类自己会创造这一条件。未来人类的服装颜色可以在不同的场合发生变化。一件衣服穿在身上,时而鲜艳夺目,时而色彩柔和;一双皮鞋,在时亮时暗的灯光照耀下,革面色泽会反复变化,熠熠发光。不过人类创造变色服装不是为了生存,而是

变色服

更高层次的需求——与环境达到和谐,从而产生美感。

远在古埃及时,君主亚历山大二世看到花朵色彩变幻,便命令臣民采摘变色花朵,取其汁液,用来染布,晾干后便出现色彩变化。科学家由此得到启示,在 20 世纪 80 年代研究出变色纤维。我国试制的见光变色腈纶线,编织成衣料后,能随着光源变化转换色彩:在自然光下是浅咖啡色,到白炽灯下变得鲜红,荧光灯照射后转为橙黄,遇强太阳光又化为深褐色。日本研究的一种光色性染料,能使合成纤维织物

变色龙

"染"上周围景物的颜色。穿上这种变色纤维服装去芳草坪上游戏，衣服就一片翠绿；而在红地毯上跳舞，周身便艳红如火；如果穿上它驰骋在晶莹的冰面上，又仿佛银装素裹，把人的服装"融"在自然景色中。

科学家还受蝴蝶的启迪，研究变色衣。在南美流域栖息着一种世界上最美丽的蝴蝶，它靠翅膀中无数显色和不显色磷片，受光的反射和折射显露出艳丽的色彩。科学家便将两种热收缩性不同的聚合物混合织成丝，得到具有潜在"扭曲"性能的扁平断面纤维。用这种丝织衣时，将纤维的扁平面垂直于织物表面，这样，进入肉眼的正反射光减少，而光主要被纤维或纤维之间吸收和反射，便产生变色效应。变色皮鞋使用的原料和普通制革原料没有什么两样，只是在皮革上涂上两种色彩，并让颜色时隐时现，达到变色的效果。最简单的变色皮鞋是在深棕色底的皮革上再喷涂一种浅棕颜色，制成的皮鞋轻轻抛光后，在暗处浅色不易被察觉，而显示深棕色；在亮处光线作用下，却可反射出表面的浅棕色。这样，皮鞋也

就变色了。如果改变颜色喷涂方法，采用左右斜向交叉喷涂，使皮革上着色有多有少，色泽就会有深有浅，在革面上形成多层次的色彩。穿上这种变色皮鞋行走时，在不同方向的光线照射下，会形成多层次的颜色反射面，革面就呈现不同的色彩，显得变幻莫测。预计变色服装在几年后就将上市。

尼龙

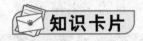 知识卡片

尼龙

尼龙是一种人造聚合物、纤维、塑料。1935年2月28日，由美国威尔明顿杜邦公司的华莱士·卡罗瑟斯发明，1938年尼龙正式上市，最早的尼龙制品是尼龙制的牙刷的刷子。今天，尼龙纤维是多种人造纤维的原材料，而硬的尼龙也被用在建筑业中。

十五、人体零件

机器零件坏了，可以不费力地换个新零件，然后照常运转。新时代的人体零件出毛病，也可以更换，而且如果一个人的零件坏得多了，将由许多零件组配在这个躯体上，形成个仿生人。

现代医学能提供广泛多样的人体器官零配件。初级移植物正变得越来越容易得到，可用来替换许多人体器官：耳朵、眼睛和鼻子；骨头和关节；皮肤和韧带；心脏、肝脏、肾脏和肺。这些移植物由五花八门的材料制成：硬金属和陶瓷；软塑料和泡沫体；用活体细胞制造的生物移植物，甚至还有专为替换那不起作用的神经而设计的电路。

凡是装有今天所能得到的所有各种不同零配件的任何人实际上都是个仿生人，但他们动作起来全身嘎吱作响，远不同于科幻小说中的超级英雄。因为没有哪个移植物工作起来能同原有的人体器官一样好。尽

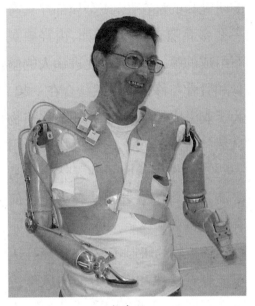

仿生人

管大多数移植物改善了接受移植者的生活，但失败的例子也是存在的。有些失败给病人留下了甚至比受移植前更多的痛苦和残疾。

伦敦玛丽女王和韦期特菲尔德学院生物医学材料跨学科研究中心的负责人威廉·邦菲尔德教授说："问题是目前用作人体零件的所有装置的使用期都有限。"不过，由于科学家开始了解材料中哪些物理和化学

特性使它们与人体亲和，找到比较永久性的移植物的前景将会越来越光明。

许多有关矫形外科移植物方面的研究目的都在于，使金属部件具有一个多孔隙表面膜。例如，由羟磷灰石组成的膜，这种膜将促进病人的髋骨和股骨与移植物自然结合在一起。为了刺激成骨细胞的生长，与移植物自然结合在一起。该移植物还可用一些被称作生长因子的天然化学品浸渍。这将使二者的结合力比任何合成胶都强。

移植物的研制不仅缓慢，而且还可能存在法律和资金方面的风险。道·科宁公司和美国其他硅酮隆胸植入物制造厂商建议设立40亿美元基金，了结成千上万声称为这些装置所害的妇女提出的诉讼。

有关更换神经和肌肉的主动移植物的研究相对来说落后一些，但是意义可能更为深远。现在，电子装置已开始使聋人有一些听力，使严重残疾者有一些运动功能。美国俄亥俄州凯斯西部大学正在研制使背脊或颈骨骨折的四肢瘫疾病人恢复某些手功能的装置。它已使美国十几名患者能书写、梳头、刷牙、拿起电话、干针线活和画画了。医学技术迄今尚不能提供任何帮助的唯一重要器官就是大脑，然而这也只是个时间问题。汉弗莱预测，50年内移植存储芯片改善我们衰退的智力将成为可能的事。也有人预测，将来有一天，人类将可以移植大脑、再造大脑及更换整个头颅。果真到了这一天，其他人体零件更换移植再造也就不在话下了。

 知识卡片

器官移植

器官移植是将一个器官整体或局部从一个个体用手术方式转移到另一个个体的过程。其目的是用来自供体的好的器官替代损坏的或功能丧失的器官。

第3章 家居生活与医疗保健

十六、日本造的英语

现代人类的生活中,处处离不开机械和电子。自行车、摩托车、汽车都是典型的机械产品,收音机、电视机、游戏机都是典型的电子产品。工厂里的车床、铣床是机械设备,电台的发射机、卫星接收站是电子设备。它们各有各的特点,各有各的功能。能不能将它们有机地结合在一起呢?早在20世纪50年代,人们就着手在机械设备上加装电子部件,以增加机械设备的功能。但由于当时电子技术的发展还未达到应有的水平,因此未能得到发展。到了70年代,日本科学家首先提出了机电一体化的概念。他们将英语机械装置(mechanism)一词的前半部和电子设备(electronics)一词的后半部结合起来,制造了一个新的英语单词"mechatronics",翻译成汉语就是机电一体化。并且这个词现在已得到许多国家的确认。日本科学家这种将机械技术和电子技术相结合的思想,得到了日本政府的大力支持,极大地促进了日本经济的发展。那么什么是机电一体化技术呢?这个极简单的问题却是众说纷纭,没有一个公认的确切的定义。不过机电一体化技术的一般概念可以这样理解:它是将机械技术和电子技术有机结合,使机械和电子融为一体,使物流、能流和信息融为一体的现代工程技术。采用机电一体化技术,可以设计出新的机电一体化产品,也可以对旧机械设备进行改造。从而获得如下的新的功能特点:

增加功能,提高性能

例如,机床增加数控后,可以增加显示功能、自动校正功能、报警功能等等,还可以提高加工精度,提高劳动生产率。

简化产品结构

从而使产品体积变小,重量变

轻。例如新一代机电一体化的电传打字机，用单片微型计算机代替了原来的900多个机械零件。不仅可靠性增加，而且体积重量都大大变小了。

可靠性提高

机电一体化产品大都增加了自诊断、安全保护等各种功能，减少了机械部件，从而使可靠性大为提高。

大大提高了自动化程度

不仅代替了人的体力劳动，如搬运、夹紧等，而且采用了电脑技术，还代替了人的脑力劳动。

显著地节约能源和材料

例如用带变频调速的电机代替普通电机，可节约电能约 20%～50%。

对生产要求更具有适应性和灵活性

又称作"柔性"，就是可以方便地用改变软件的方法改变机器的工作程序，以适应不同的需求。

智能化

由于采用电脑控制，可以对环境变化具有一定的主动适应的能力和记忆学习能力。

由于采用机电一体化技术具有上述的各种前所未有的优点，又有巨大的经济效益，而且电子技术的高速发展为机电一体化的成功铺平了道路，因此机电一体化技术得到了飞快的发展。机电一体化产品遍布国民经济各个部门和人们物质文化生活的各个领域。

📧 知识卡片

日语语序

日语在语序方面，句子由主语、宾语、谓语的顺序构成，属于主宾谓结构，是具代表性的话题优先语言之一。修饰语在被修饰语之前。另外，日语在表现名词格时，并不是通过改变语序或语尾，而是通过在词后加具有语法功能的机能语（助词）来表现。

第 4 章

公共安全与
国防安全

◎ 消防机器人
◎ 反恐营救机器人
◎ 侦察卫星
◎ 航天测控系统
◎ 无人机
◎ 护照电子保护
◎ 月球的开发
◎ 单个原子的技术
◎ 航天育种技术
◎ 电磁脉冲武器
◎ 太阳帆船

一、消防机器人

火灾

消防机器人

用于扑灭大火的"小坦克"机器人身材矮小,功能强大。它长约1.2米,宽0.6米,重达200斤,水柱能喷射30~100米,俯仰高度约为40~80度。据研发公司的工程师介绍,"小坦克"可以搭乘电梯到起火点的附近高地进行火场抢救。

外形与坦克极为相似的机器人是一款微型消防车,在技术人员遥控手柄的操作下,靠两根黑色橡胶履带前行,在行进方向的车体前侧有一个不锈钢喷水口,在旁边水轮机的驱动下,不断调整水平喷水角度。车体尾部有一个水管接口和水管保护尾,防止水管在接续使用过程中磨损、脱落。

"小坦克"在行进过程中主要依靠电力驱动,一般锂离子电池充电10小时,能连续7天24小时工作,而喷水时主要依靠水力驱动。在车体正前方,还安置了一个摄像头,为能确保夜间及暗淡条件下摄像头有

消防机器人

消防侦察机器人

效工作，摄像头的上方还安有一排红外线照明灯。拍摄回的现场画面也可在遥控手柄上显示。

那么当火场温度偏高是否会损伤机器人呢？在车体中央，有一个高约1分米的金属柱体，使得机器人在进入火场以后，可以向上喷水，形成一个360度的圆柱形水帘，能降低车体温度，从而起到有效的保护作用。而且对于有毒、易燃的气体，"小坦

克"同样能洞察细微，它的身上安装有5个感应器，可以监测到火场环境中的二氧化碳、氧气、甲烷、乙炔、乙醚、甲苯等易燃、有毒的气体。

知识卡片

甲烷

甲烷，化学式CH_4，是最简单的烃（碳氢化合物）：由一个碳和四个氢原子通过$SP3$杂化的方式组成，因此甲烷分子的结构为正四面体结构，四个键的键长相同，键角相等。在标准状态下甲烷是无色气体。一些有机物在缺氧情况下分解时所产生的沼气其实就是甲烷。

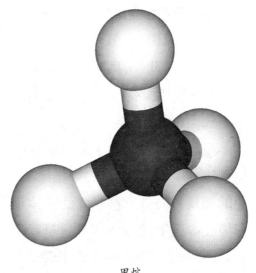
甲烷

二、反恐营救机器人

随着科学技术的不断发展，很多不法分子开始采用科技含量更高的手段进行犯罪活动，为此警方特意研制了反恐营救机器人。反恐营救机器人主要运用于反恐和管道侦察，机器人体积很小、分量不重、不易被发现。

这款机器人由两个直径约 1 分米的橡胶车轮、一根连杆和一根软体平衡橡胶棒组成。在工程师的遥控下，机器人能够分别向前、后行进，如果要执行转弯指令，两只轮子则相逆旋转，或一只固定、另一只以其为原点就地旋转。此外，由于车轮外侧有凸起的齿轮状橡胶包裹，与地面的摩擦力较大，机器人还可以爬坡。

而且，在反恐营救机器人的两个轮子连杆中间，还装有一个摄像头。它的相反方向有一根直立的软体平衡橡胶棒，可以在机器人行进过程中着地，来确保摄像头始终处于仰视角度拍摄现场画面。

中国反恐机器人

恐怖组织

恐怖组织是由恐怖分子组成的网络与组织，这些组织通常分布于世界各地，通过各种极端的行为与手段来发泄、引起关注或强迫他人接受自己的主张及手段。从世界范围来看，恐怖组织主要为弱势民族对抗强权、宗教、政治主张以及仇富等因素导致走向极端而形成。

三、侦察卫星

侦察卫星作为现代战争中不可或缺的武器，具有侦察面积大、获取情报信息快、不易被截获等优点。在冷战时期，美国和前苏联都曾发射了大量的侦察卫星，分别占各自发射总数的34%和36%。

目前，侦察卫星通常可分为：照相侦察卫星、电子侦察卫星、海洋监视卫星和预警卫星。

照相侦察卫星应用比较广泛，技术也更加成熟，现在侦察卫星的开发已发展到第四代。其特点是一星多用，具有多种侦察手段和侦察技术，轨道能够机动控制，工作寿命长，发射三颗就可覆盖地球范围内的侦查；采用大焦距照相机和高质量胶片，其分辨率优于0.3M；卫星带用多个胶卷舱，可按指令定期回收胶卷，能及时得到侦查内容的照片。

电子侦察卫星则更多地应用于军事领域，它采用电子技术侦察对方的地面的军事设施、工业设施和通信窃听，以在空中俯瞰的方式来了解对方的具体情况。它的侦察目标是对方雷达的精确位置、信号特征

侦察卫星

和作用距离，来提高导弹和轰炸机的突防能力；确定对方军用电台的位置和信号特征，来监听对方的通信。1994年美国耗资15亿美元发射一颗先进的电子侦察卫星，它的任务是通过卫星和设置在全球各地的地面监听站，收集敌国和友邦的通信信号，运用多站超级计算机加以筛选处理。

而海洋监视卫星的任务则用来监视军舰、核潜艇的活动，通过卫星的侦查来提高防卫能力。预警卫星的主要任务是侦察敌方的导弹发射和导弹的突然袭击，以便进行有效的早期预警和防御。它是通过装置在卫星上的各种探测仪器，从导弹发射后4秒就能进行搜索跟踪，而且还能识别多个目标，达到有效预警。

随着人类对航天领域的探索，侦察卫星必将在未来的军事领域起到至关重要的作用。

知识卡片

东方红一号卫星

1970年4月24日，东方红一号卫星是中国发射的第一颗人造地球卫星。按当时各国发射卫星的时间先后排列，中国是继苏、美、法、日之后，世界上第五个用自制火箭发射国产卫星的国家。卫星上的仪器舱装有电源、测轨用的雷达应答机、雷达信标机、遥测装置、电子乐音发生器和发射机、科学试验仪器等。

东方红一号卫星

四、航天测控系统

想必大家都曾看到过一些航天器爱好者手持一个装置,在操纵小型的飞机。而这里所说的航天测控系统是对航天飞行器实施测量、控制、管理的技术系统,如卫星、导弹、无人机等。它主要是由测控中心、测控台站、测量船队等组成,所以航天测控系统根本上是一个庞大完整的测控网络。按测控网的功能,一般分为:发射场测控系统、低轨道卫星测控系统、高轨道卫星测控系统、深空测控系统。而这些测控系统并不是各自独立的,而是互相补充。特别是其中的通信系统和计算机系统大都可以共用。

测控网的主要功能是:

机处理,以便确定飞行器的初始轨道、运行轨道和回收轨道。这是测控网对飞行器进行管理的关键。跟踪测量的手段以无线电测量为主体,光学测量为辅助手段。

遥测

遥测的任务是测量星体内部的各种工程数据和卫星的科学探测数据,这些工程数据和探测数据通过星上各种传感器、探测器和交换器变为相应的电信号,由星上遥测发射机发回地面,地面遥测接收机接收解调后,输入计算机进行处理,为卫星工作状况监视和控制提供依据。

跟踪测量

由测控台站通过跟踪测量设备对运载火箭和卫星的跟踪观测,获得目标的位置、速度等信息,送入计算

遥控

遥控系统的任务是以发射无线电指令方式对飞行器实施控制。控制指令包括飞行器上仪器开关机指

令、轨道机动指令、姿态调整指令、返回地面指令等。

信息交换

信息交换的任务是将测控中心、测控台站、测量船队、发射场、各级指挥部门、飞行器联成一体，进行相互通信、交换数据。使星地成为动态的协调一致的闭环大系统，使测控任务得以顺利进行，达到预期的目标。其间的信息交换十分频繁，测控中心是信息交换的枢纽。

数据处理

对汇集测控中心的各种信息流进行分类处理，并将处理结果按不同类型及要求进行传输或打印输出，再提供传输给指挥部门、各测控台站、研制部门及用户。

测控中心有若干台大中型计算机和微机组成数据处理网络，完成实时和事后处理的两大任务。

调度指挥

调度协调测控中心和各测控台站、测量船队，进行协调一致的工作，下达各种指挥命令。调度指挥一般由测控台站、测控中心和上级指挥三级调度组成。

勤务保障

通信保障、时间统一勤务保障、气象保障、大地测量保障等。

 知识卡片

航天测控网

航天测控网是完成运载火箭、航天器跟踪测轨、遥测信号接收与处理、遥控信号发送任务的综合电子系统。因为地球曲率的影响，以无线电微波传播为基础的测控系统，用一个地点的地面站不可能实现对运载火箭、航天器进行全航程观测，需要用分布在不同地点的多个地面站以接力的方式连接才能完成测控任务。

五、无人机

第**4**章
公共安全
与国防安全

1914年的第一次世界大战期间，英国卡德尔与皮切尔向英国军事航空学会递交了一份建议书：开发研制一种无人驾驶的飞机，用无线电来操控，并在这架无人飞机上安装炸弹，使它能够飞到敌方某一目标区上空，将炸弹投向指定的目标。这种全新的战争理念得到了航空学会理事长戴·亨德森的同意。他指定由 A. M.洛教授率领一班人马进行研制。

最开始研制是在布鲁克兰兹进行，当时的研究计划称为"AT计划"。经过 A. M.洛教授研制小组的多次试验，首先研制出一台无线电遥控装置。设计师杰佛里·德哈维兰设计出一架小型上单翼机。研制小组把无线电遥控装置安装到这架小飞机上，但没有安装炸弹。1917 年 3 月，世界上第一架无人驾驶飞机在英国皇家飞行训练学校进行了第一次飞行试验。但是刚起飞不久，发动机突然熄火，飞机因失速而坠毁。不久之后，该研制小组又研制出第二架无人机进行试验。飞机在无线电的操纵下平稳地飞行了一段时间。就在大家兴高采烈地庆祝试验成功的时候，这架小飞机的发动机又突然熄火，失去动力的无人机一头栽入人群。

两次试验的失败，使研制小组感到十分沮丧。

无人机

无人机侦察机

但A.M.洛教授并没有灰心,继续进行着无人机的研制。10年后,他终于取得成功。1927年,由A.M.洛教授参与研制的单翼无人机在英国海军"堡垒"号军舰上成功地进行了试飞。该机载有113千克炸弹,以每小时322千米的速度飞行了480千米。单翼无人机的问世在当时的世界上曾引起极大的轰动。

与此同时,英国皇家空军也研制了几种不同用途的无人机,其中有用陀螺仪控制的空中靶机,有用无线电控制、可投放鱼雷的无人机,甚至还

开始研制无人驾驶的攻击机。但经过反复试验,英国皇家空军最后确定制造一种用陀螺仪控制的无人机。这种无人机既可当靶机,也可携带炸弹。后来,皇家空军又对这种无人机进行了改进,采用预编程序的无线电遥控装置,并装上了大功率发动机,使这种无人机飞得更快。

与载人飞机相比,无人机具有体积小、造价低、使用方便、对作战环境要求低、战场生存能力较强等优点,它的开发前景备受世界各国军队的关注。在几场局部战争中,无人驾驶

飞机以其准确、高效和灵便的侦察、干扰、欺骗、搜索、校射及在非正规条件下作战等多种作战能力，发挥着显著的作用，并引发了层出不穷的军事学术、装备技术等相关问题的研究。它将与孕育中的武库舰、无人驾驶坦克、机器人士兵、计算机病毒武器、天基武器、激光武器等一道成为 21 世纪陆战、海战、空战、天战舞台上的重要角色，对未来的军事斗争造成较为深远的影响。在 1982 年发生的贝卡谷地之战和 1991 年爆发的海湾战争中，无人机在侦察监视、干扰敌方雷达通信系统和引导己方进攻武器等方面，都发挥了极其重要的作用。

一些专家也曾预言，未来的空战，将是具有隐身特性的无人驾驶飞行器与防空武器之间的作战。

知识卡片

靶机

靶机泛指作为射击训练目标的一种军用飞行器。这种飞行器利用遥控或者是预先设定好的飞行路径与模式，在军事演习或武器试射时模拟敌军的航空器或来袭导弹，为各类型火炮或是导弹系统提供假想的目标与射击的机会，属于无人飞机的一种。

靶机

六、护照电子保护

最近，由美国政府颁发的所有新护照都增加了一块射频频率识别芯片。在这个芯片上储存了持有者的姓名、出生日期、地点、性别、护照号码、颁发的时间，以及截止日期等个人信息。更重要的是，射频频率识别芯片中还包含有一张护照持有人的脸部数码相片，主要目的是防止伪造护照。

电子护照采用了EPCGen2RFID芯片，该芯片符合ISO180006-C标准，在6米之内就可以识别持有人的信息。RFID芯片内含有一个持有人的ID卡号，卡号数据与美国海关和边境保护局的数据库是相连接的，而且随时更新。海关设置的读写器可以一次处理8本护照的信息，大大加速了通关工作的速度。另外，每个RFID标签芯片都设置了防护措施，用来防止其中持有人的个人信息被盗取。因此，这种高科技含量的新护照很难伪造。但是，仍有一些专家

护照

对RFID标签的保密性和安全性表示质疑。

在一次展示会上，德国的电脑安全公司现场展示了RFID技术存在的安全技术隐患。该公司利用一台价值只有200美元的RFID读卡器和一台并不先进的智能卡烧录机，将一本电子护照中的信息全部克隆，又嵌入到一张智能卡中，这样

这本电子护照就相当于被伪造出来。由于 RFID 芯片可以从一段距离外鉴别携带人的身份,有人担心,它可能会被恐怖分子用作炸弹袭击的触发器。

知识卡片

美国绿卡

美国永久居民卡也称作绿卡,是用于证明外国人在美利坚合众国境内拥有永久居民身份的一种身份证。获得绿卡则指成为永久居民的移民过程。绿卡持有者的合法永久居留权是由官方授予的移民福利,其中包括有条件地在美国居留与获取工作的许可。持有者必须保持他的永久居民身份,如果该身份所需的某个条件不再满足时,持有者将可能失掉该身份。

美国绿卡

七、月球的开发

第4章 公共安全与国防安全

从 1969 年 7 月 16 日，美国宇航员阿姆斯特朗乘坐的"阿波罗号"宇宙飞船登上了距地球 38 万千米之遥的月球后，便拉开了人类征服月球的序幕。科学家们对于月球的探索有过设想，比较有代表性的如下：

建立月球发电站

科学家最新研究报告显示到 2040 年，地球上能源消耗量将达到 2 万京瓦（1 京瓦等于 1 千万瓦）。但是如果在月球上建立太阳能发电站，这将是一个取之不尽用之不竭的能源。科学家们建议把月球建成地球的发电站，通过数以千计的太阳能电池，把太阳能变成电能，射向地球上的接收天线，再向各个电力分配系统

月球车

输送电能。与地球上核电、火电、水电等发电形式相比,月球电站有许多优越性,月球上不受天气、季节变化的影响,太阳能效率高、费用低、安全可靠,不会对人类的生存环境和生态环境产生污染和损害。

建立月球工业

从人类生存环境的前景考虑,通过对月球采掘的标本研究,人们发现月球岩土中含有大量的氧、硅、铁、铅、钙、镁等元素。因此,开发月球上的矿产资源,并用这些资源进行就地生产是很有前景的。月球工厂可生产具有特殊强度的塑料、特殊性能的金属制品,能制出无瑕单晶硅和光衰减率极低的光导纤维及超高能的生物制品等特殊材料的产品。

建立月球天文台

因为月球的引力小(只相当地球的 1/6),加上没有大气层的遮挡,不会出现光的散射,没有灰尘,没有人造光物和电磁波的干扰,十分有利架

设巨型天文望远镜,建立月球天文台,用于研究遥远星系的秘密。

月全食

月食

月食是一种特殊的天文现象,指当月球运行至地球的阴影部分时,在月球和地球之间的地区会因为太阳光被地球所遮蔽,就看到月球缺了一块。此时的太阳、地球、月球恰好(或几乎)在同一条直线上。月食可以分为月偏食、月全食和半影月食三种。月食只可能发生在农历十五前后。

147

八、单个原子的技术

第4章 公共安全 与国防安全

在 20 世纪中叶的时候晶体管被科学家开发出来。从此时起，以半导体材料为中心的电子技术，特别是微电子技术日渐深入到人们生活的方方面面。但是，在微电子技术登上技术主流地位之后，随着时间的斗转星移，微电子技术的保守性也在日渐增强。在这种背景下，便应运而生了一种所谓终极技术的构想。这种构想，不是从宏观到微观，而是直接追溯到原子。这种要在原子和分子的水准上，对物质和物质形成实施静态及动态的把握和操作，或者对单个原子和分子实施单独操作的技术，我们称之为原子技术。显然，原子技术是操作一个极微小的分子和原子的技术。现今，原子技术已被看作是所有产业共同基础的跨学科和跨行业技术。1992 年，在苏黎世研究所由 IBM 公司研制的扫描隧道显微镜面世。以原子为单位观察和操纵物质的原子技术使 IBM 公司的这一成果有了现

实意义。显然，这是在以原子排列的固体表面上，通上电流并用针剥落或移动原子，从而直接得到二维原子图像的划时代的技术。

如果巧妙地控制电流，在特殊条件下还可以抽取单个原子，并让电流在原子表面上移动。原子、分子的操作不仅仅限于二维固体表面。激光冷却技术以及利用电磁力捕捉离子

激光冷却机

化原子的离子捕捉技术，也开始崭露头角。

日本电气公司的物理学家佐藤和塚本博士，在敷薄薄一层含有金属钒的玻璃状物质时获得了重要发现。对材料加上 STM 探针电流，该材料处于无序状态中的原子就变成结晶状态；在反向电流作用下，晶体"熔化"，再次恢复无序状态。利用这项技术，佐藤和塚本博士设法画出几条只有 10 纳米粗细的原子线。他们发现能够反复画出和抹掉这些线，最多可达 10 次，这以后，晶体因为熔凝而不再能熔化。

扫描隧道显微镜，其实就是一个计算机控制的长探针，它一头变得越来越细，直至形成的尖端只有几个原子的厚度。利用探针和材料平面间的电流，科学家们可以用 STM 调度材料平面上的原子，而且通过调节电流的大小，还能够逐个地把原子吸起并放置到其他地方。

IBM 公司的科学家正在试验原子力显微镜（AFM）。这种 AFM 和高功率、高灵敏度的唱机类似，利用硅氮化合物制造的针状物可在多元碳酸盐平面上滑动，微小的悬臂弹簧由于其尖端触到凸凹痕而发生弹性形变。这种变化的幅度可由激光束测量，精度可达到 A 级。他们发现，这种 AFM 新技术能产生一种惊人的容量存储，存储容量将是相同尺寸光盘的 100 倍。有朝一日，人们会用这种技术制造出超大容量计算机数据存储装置。

知识卡片

光子

光子原始称呼是光量子，电磁辐射的量子，传递电磁相互作用的规范粒子。其静止质量为零，不带电荷，其能量为普朗克常量和电磁辐射频率的乘积，$E=h\nu$，在真空中以光速 c 运行，其自旋为 1，是玻色子。

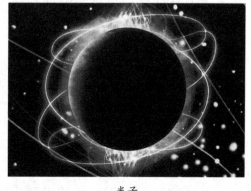

光子

九、航天育种技术

早在20世纪60年代初，前苏联科学家开始将植物种子搭载卫星上天，返回地面以后这些种子中染色体畸变率有很大幅度的增加。20世纪80年代中期，美国又将番茄种子送上太空，后在地面试验中也获得了变异的番茄，这种种子发芽结果后无毒可以食用。1966年，俄罗斯在"和平号"空间站成功种植小麦、白菜等。目前，国外根据载人航天的需要，搭载的植物种子主要用在分析空间环境对于宇航员的安全性，探索空间条件下植物生长发育规律，来改善空间人类生存的小环境。

空间技术育种的辣椒

航天育种技术也称为空间技术育种，指利用返回式航天器和高空气球等所能达到的空间环境对植物的诱变作用产生有益变异，在地面选育新种质，培育新品种的农作物育种新技术。就是让普通种子送往太空，使之成为太空种子。

中国航天育种研究的技术研究在1987年开始，经过多年的努力，中国航天育种关键技术研究取得了显著进展，在水稻、小麦、棉花、番茄、青椒和芝麻等作物上诱变培育出一系列高产、优质、多抗的农作物新品种，并从中获得了一些有可能对农作物产量和品质产生重要影响的罕见突变材料。航天育种技术已成为快速

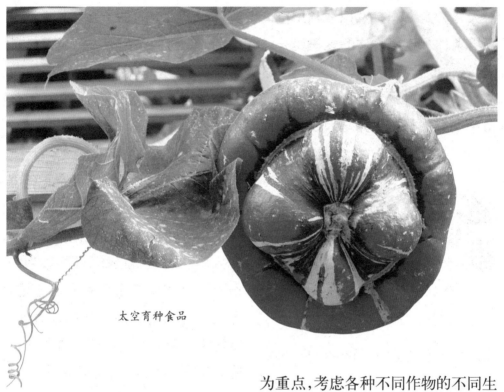

太空育种食品

培育农作物优良品种的重要途径之一，在生产中发挥作用，为提升中国粮食综合生产能力和农产品市场竞争力提供了重要技术支撑。

优良品种是农业发展的决定性因素，对提高农作物产量、改善农作物品质具有不可替代的作用。目前，中国的绝大部分农作物新品种都是在常规条件下经过若干年的地面选育培育而成的。航天育种工程项目以中国成熟的返回式卫星技术为平台，以粮、棉、油、蔬菜、林果、花卉等为重点，考虑各种不同作物的不同生态区域，进行空间试验。种子回收后，经过育种筛选，培育高产、优质、高效的优异新品种，进行推广和普及，并利用地面模拟试验装置研究各种空间环境因素的生物效应与作用机理，探索地面模拟空间环境因素的途径，提高空间技术育种效率。

在自然环境中，植物种子实际上也在发生变异，只是这个变异过程很缓慢，变异频率很低，我们称为自然变异。早期的植物系统育种方法大都是对这种自然变异的选择和利用，航天育种是人们有意识地利用空间环境条件加速生物体的这一变异过程,这种变异我们称为人为变异,这两种变异在本质上是没有区别的。由于太空种子的变异基因还是地面

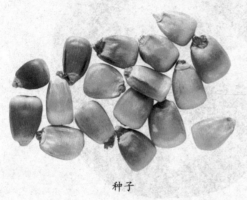

种子

原来种子本身基因变异的产物,事实上它并没有导入其他对人类有害的新基因,此外,即使太空飞行归来的当代种子,经严格的专业检测也没有发现它增加任何放射性。因此,食用太空种子生产的粮食、蔬菜等很少存在不良反应。

将种子送往太空,在太空中的独特环境下进行变异的育种法详细介绍如下:

种子筛选

这一程序非常严格,需要专业技术。带上太空的种子必须是遗传性稳定、综合性状好的种子,这样才能保证太空育种的意义。

天上诱变

利用卫星和飞船等太空飞行器将植物种子带上太空,再利用特有的太空环境条件,如宇宙射线、微重力、高真空、弱地磁场等因素,对植物的诱变作用产生各种基因变异,再返回地面选育出植物的新种质、新材料、新品种。诱变表现得十分随机,在一定程度上是不可预见的。航天育种不是每颗种子都会发生基因诱变,其诱变率一般为百分之几甚至千分之几,而有益的基因变异仅是千分之三左右。即便是同一种作物,不同的品种,搭载同一颗卫星或不同卫星,结果也可能有所不同,航天育种是一个育种研究过程,种子搭载只是走完万里长征一小步,不是一上去就"变大",整个研究最繁重和最重要的工作是在后续的地面上完成的。

地下攻坚

由于这些种子的变化是分子层面的,想分清哪些是我们需要的,必须先将它们统统播种下去,一般从第二代开始筛选突变单株,然后将选出的种子再播种、筛选,让它们自交繁殖,如此繁育三四代后,才有可能获得遗传性状稳定的优良突变系,期间还要进行品系鉴定、区域化试验等。这样,每次太空邀游过的种子都要经过连续几年的筛选鉴定,其中的优系再经过考验和农作物品种审定委员会的审定才能称为真正的太空种子。

知识卡片

转基因食品的争议

转基因食物的支持者宣称转基因食物是安全的,并且具有传统食物所不具备的特性,可以解决包括全球饥荒在内的多个问题。反对者称目前对转基因食物进行的安全性研究都是短期的,无法有效评估人类几十年进食转基因食物的风险。另外的反对者则担心转基因生物不是自然界原有的品种,对于地球生态系统来说是外来生物。转基因生物的种植会导致这种外来品种的基因传播到传统生物中,并导致传统生物的基因污染。

转基因食品

十、电磁脉冲武器

第4章 公共安全与国防安全

世界军事强国的电磁脉冲武器开始走向实用化,对电子信息系统及指挥控制系统及网络等构成极大威胁。常规型的电磁脉冲炸弹已经爆响,而核电磁脉冲炸弹作为第二原子弹正在向人类逼近。

196l年10月的一天,在前苏联的新地岛上空35千米处进行空爆核试验,不料氢弹不仅毁灭了爆心附近的一切,还对数千千米范围内的电子

中国第一颗氢弹爆炸成功

系统产生冲击,苏军地面的防空雷达被烧坏,无法探测空中的飞行目标;数千千米长的通讯中断,部队1个多小时处于无法指挥状态。无独有偶,1963年美国在太平洋上空的约翰斯顿岛上空400千米处进行空爆核试验后,距约翰斯顿岛1400千米之遥的檀香山却陷入一片混乱。防盗报警器响个不停,街灯熄灭,动力设备上的继电器一个个被烧毁……

在那时,人们并不能解开这个谜。后来经过几年的研究,才发现这是氢弹爆炸所产生的电磁脉冲造成的恶果,原子弹爆炸会产生冲击波、光辐射、早期核辐射和放射性污染四种效应,而氢弹爆炸又增加了另一种效应,即电磁脉冲。

氢弹爆炸时,早期核辐射中的α射线会与周围介质中的分子、原子相互作用,激发产生高速运动的电子,大量高速运动的电子形成很强的电场,在爆心几千米范围内电场强度可

达到每米几千伏到几万伏，并以光速向四周传播。随着爆高的增加而扩大、当量1000吨的氢弹如在40千米高空爆炸，可影响整个欧洲。

美国军事专家看到了这种核爆炸产生的瞬时电磁脉冲的军事价值，开始不遗余力地研究如何增强核爆炸时产生的电磁脉冲效应而抑制其其他几种效应，他们把这种能产生强大电磁脉冲的武器称为电磁脉冲弹。

目前电磁脉冲武器主要包括核电磁脉冲弹和非核电磁脉冲弹。核电磁脉冲弹是一种以增强电磁脉冲效应为主要特征的新型核武器。非核电磁脉冲弹，是利用炸药爆炸压缩磁通量的方法产生高功率微波的电磁脉冲武器。微波武器可使武器、通讯、预警、雷达系统设备中的电子元器件失效或烧毁，导致系统出现误码、记忆信息抹掉等，强大的高功率微波辐射会使整个通讯网络失控。甚至能够提前引爆导弹中的战斗部或炸药。电磁脉冲武器还能杀伤人员，当微波低功率照射时，可使导弹、雷达的操纵人员、飞机驾驶员以及炮手、坦克手等的生理功能发生紊乱，

通过导弹投射的电磁脉冲武器

出现烦躁、头痛、记忆力减退、神经错乱以及心脏功能衰竭等症状；当微波高功率照射时，人的皮肤灼热，眼患白内障，皮肤内部组织严重烧伤甚至致死。苏联的研究人员用山羊进行过强微波照射试验，结果1000米以外的山羊顷刻间死亡，2000米以外的山羊也丧失活动功能而瘫痪倒地。

人类研制电磁脉冲武器从20世纪70年代开始，到20世纪90年代进入实用化阶段。

1985年，美国在制定"战略防御倡议"计划时，把高功率微波武器列为其空间武器的主攻项目，重点研究其杀伤机理。1987年，美国国防部提出"平衡技术倡议"计划，高功率微波武器是其五大关键技术之一。

1991年海湾战争期间，美军在E-8"联合星"飞机携带和使用电磁脉冲武器。美国和俄罗斯小型化电磁干扰机，可被常规兵器投掷到敌方，不仅可损伤敌方指挥控制系统，而且直接影响精确制导武器和信息化单兵的作战效能。

1992年7月，美国国会总审计局向众议院军事委员会提交国防基础技术、军用特殊技术依赖外国带来的风险报告，提出未来先进武器最关键的6项技术，其中包括高功率微波武器。美国海陆空三军还分别制定了高功率微波武器发展计划。

1993年，美国进行了代号为"竖琴"的电磁脉冲武器实验，天线群向电离层发射电磁脉冲，阻断通信和摧毁来袭导弹。1996年，美国一国家实验室研制出手提箱大小的高能电磁脉冲武器，以及可装备在巡航导弹上的电磁脉冲武器，它的有效作战半径达10千米。

高功率微波武器

1998年，俄罗斯发明了重8千克的小型强电流电子加速器，爆炸时发出X射线、高功率微波，可破坏电子设备。

1999年3月，美国在对南联盟的轰炸中，使用了尚在试验中的微波武器，造成南联盟部分地区通信设施瘫痪3个多小时。伊拉克战争中，美军在2003年3月26日，用电磁脉冲弹空袭伊拉克国家电视台，造成其转播信号中断。

除俄罗斯和美国外，英、法、德、日等国家，也都在进行高功率微波武器的开发。有国际军事专家分析认为，海湾战争中，伊拉克之所以被动挨打，重要原因是指挥控制系统和防空设施遭到破坏，丧失电磁环境控制权。

美国和苏联在研究和发展电磁脉冲武器时，十分重视武器装备电磁环境效应和防护加固技术的研究。1979年，美国总统卡特发布命令，强调核电磁脉冲的严重威胁，要求每开发一种武器，必须考虑电磁脉冲防护能力。为此，美国在新墨西哥州科特兰、亚利桑那州等地，建立了十余座电磁脉冲场模拟器。

也就是说，这些国家在军事强国的电磁脉冲武器的打击面前，早已敞开胸膛。一旦这些国家的政府机构、金融中心、通信网络、广播电视等事关国计民生的重要系统和军事设施，受到强电磁脉冲打击时，不可避免地出现大范围瘫痪或损坏，国民经济和社会秩序难以正常运行。

磁暴现象

磁暴现象

当太阳表面活动旺盛，特别是在太阳黑子极大期时，太阳表面的闪焰爆发次数也会增加，闪焰爆发时会辐射出X射线、紫外线、可见光及高能量的质子和电子束。其中的带电粒子（质子、电子）形成的电流冲击地球磁场，引发短波通讯所称的磁暴。

十一、太阳帆船

太阳帆是靠光子在帆的发光表面反弹所产生的力推动的。在地球表面,这种推力作用很小,但在太空中,在一个巨形帆上能产生足够的前进推力,从而使无污染、无燃料型的太阳能航行运输方式成为可能。仅有千分之二毫米厚的太阳帆可以利用现有的以反光性塑料和铝板为基础的材料制造。

一个剑桥科学家小组在建造欧洲参赛太阳帆船的挑战中因为设计独特而位于领先地位,他设计的太阳帆船将在竞赛中同其他太阳帆船一样,在一个载荷舱中由一个卫星发射器(如欧洲阿丽亚娜火箭)送入大约1万千米高的轨道上。进入轨道后,它将展开成为3万平方英尺的帆,并环绕地球许多圈,速度逐渐增加,直

太阳帆船

太阳能电池板

到达到摆脱地球引力并进入月球轨道的速度。这些太阳帆船最后冲刺时的速度可望达到每秒 10 千米，而达到该速度将需 9 个月到 1 年。航行时间之所以这么长，是因为这些帆船的初始速度不高。

太阳帆船可以用同风筝相似的方式来通过改变形状而加以操纵。与雨伞的脊相似的灵活的金属脊决定着帆船的形状，而且根据地面指令，金属脊还能受热致弯，从而改变帆船的形状。因此，帆船的某些部位要接受更多的光照，以便让某一侧获得更大的冲量并改变航行的方向。成功的关键是位于帆船中部的一颗

小型太阳能通信卫星。该卫星为地面的导航人员提供视频图像，帆船的计算机控制系统就安置在卫星内。

知识卡片

太阳能

广义上的太阳能是地球上许多能量的来源，如风能、化学能、水的势能、化石燃料，可以称为远古的太阳能。太阳能发电是一种新兴的可再生能源。

图书在版编目（CIP）数据

图说高新科技的开发与应用 / 左玉河，李书源主编． —— 长春：
吉林出版集团有限责任公司，2012.4
（中华青少年科学文化博览丛书 / 李营主编．科学技术卷）

ISBN 978-7-5463-8837-3-03

Ⅰ．①图… Ⅱ．①左…②李… Ⅲ．①高技术 青年读物②高技
术－少年读物 Ⅳ．① N49

中国版本图书馆 CIP 数据核字（2012）第 053567 号

图说高新科技的开发与应用

作　　者/左玉河　李书源
责任编辑/张西琳
开　　本/710mm×1000mm　1/16
印　　张/10
字　　数/150千字
版　　次/2012年4月第1版
印　　次/2021年5月第4次

出　　版/吉林出版集团股份有限公司（长春市福祉大路5788号龙腾国际A座）
发　　行/吉林音像出版社有限责任公司
地　　址/长春市福祉大路5788号龙腾国际A座13楼　　邮编：130117
印　　刷/三河市华晨印务有限公司

ISBN 978-7-5463-8837-3-03　　　定价/39.80元